善待自己

陈艺熙◎编著

Shan Dai Zi Ji

中国纺织出版社

内 容 提 要

生活中有快乐，有苦难，有挫折，有艰辛，也有委屈，幸福与否其实只在一念之间，用一颗平常的心看待得失荣辱，让生命的真实在希冀中获得一次畅快的呼吸，在屡败屡战中依旧为自己大声喝彩。

本书用温柔的笔触让读者体会到生活的温暖，涤荡自己的心灵，通过对自我的认知，对未来的把握，对心灵的调节，对困难的克服等多方面，让读者寻找到属于自己的幸福法则。

图书在版编目（CIP）数据

善待自己／陈艺熙编著. —北京：中国纺织出版社，2013. 9（2024.4重印）
ISBN 978-7-5064-9676-6

Ⅰ.①善… Ⅱ.①陈… Ⅲ.①人生哲学—通俗读物 Ⅳ.①B821-49

中国版本图书馆CIP数据核字（2013）第077536号

策划编辑：闫 星　　责任编辑：曲小月　　责任印制：储志伟

中国纺织出版社出版发行
地址：北京朝阳区百子湾东里A407号楼　邮政编码：100124
邮购电话：010—64168110　传真：010—64168231
http：//www.c-textilep.com
E-mail：faxing@c-textilep.com
北京兰星球彩色印刷有限公司印刷　各地新华书店经销
2013年9月第1版　2024 年 4 月第 2 次印刷
开本：710×1000　1/16　印张：17
字数：226千字　定价：76.00元

前 言

Preface

人的一生，来去匆匆。在亲人的欢笑声中，我们出生了；在亲人的悲伤哭泣中，我们离去了。而这些又是我们无法掌控的，只能庆幸自己拥有了这一生。因此，应该善待自己。生活犹如万花筒，喜怒哀乐，酸甜苦辣，相依相随，或许真的不必太在意；人生如梦，要学会看淡一切，好好珍惜自己，善待自己。感谢上天赐予的点点滴滴，让我们的心中永远有一片阳光照耀着的晴空，能够看淡眼前的伤痛，因为伤痛之后或许就是幸福。每个人都想快乐幸福地生活着，然而，现实生活总是不尽如人意，我们是无法左右幸福的，痛苦与烦恼总是不期而至。尽管我们无法逃避这些痛苦与烦恼，但我们却可以选择善待自己。

生活中，经历过，获得过，失去过……如果说人生是一场戏，那主角就是自己。我们会各自站在自己的舞台上，用心演着自己的戏。哭过、笑过、怨过、傻过、恨过，或许我们得到的东西并不多，失去的东西却很多。但是，面对这些遭遇，不要给自己抱怨的机会，不要给自己放弃的理由，不要给自己失落的情绪，不要给自己挫败的伤痛。一个人活着，除了伤痛，还有快乐，所以要善待自己，让自己快乐起来。

只有经历了人生才会懂得，只有懂得才会珍惜。对于过去的伤痛与失败，忘记一切，就是善待自己。善待自己，因为人生的历程不过就是得与失，只要我们看淡了也就轻松了。有人说，人生是一种无奈；有人说，人生是一种享受。其实，人生有享受也有无奈，有欣慰也有困惑。人生就像是一枚青果，含在嘴里慢慢品，细细嚼，酸甜苦涩就会在舌尖蔓延开来。

人生漫漫旅途中，我们时常会感到沉重，会感到疲惫，但只要学会善待自己，就会觉得欣慰，就会充满自信。珍惜每一天，尽情地拥抱生活，尽管辛苦，也会体味出生活的甘甜与芬芳。对我们而言，快乐与痛苦只是一个过程，没有谁可以拒绝春天的到来，只要我们善待自己，那我们就可以伸手触摸到春天的美丽。这是一本慰藉心灵的书籍，如果你还在苛责自己，对生活缺少动力和希望，对自己所做的事情感到懊恼，那么不妨把这本书带回家。有时候善待自己就是拯救自己，将自己从痛苦的深渊中拯救出来，到达快乐的彼岸。

编著者

2013年5月

目录

CONTENTS

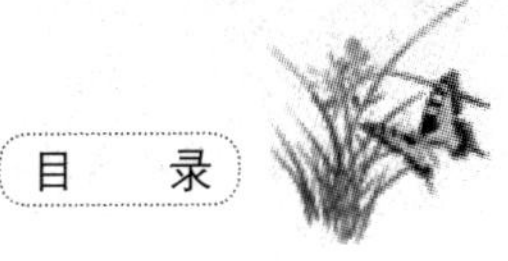

第1章 走过痛过：人生中最大的敌人是自己

在这个世界上，最了解你的人就是你自己，我们人生中最大的敌人同样是自己。一切困难都源自我们的内心。当你明白了所有的折磨和障碍全部是由自己造成时，我们才会真正地克服它、战胜它。人生最大的敌人是自己，只要战胜了自己，就跨过了你人生中最大的栅栏。面对人生中那些不可避免的痛苦和折磨，我们要学会正视自己的心灵，不断清扫心灵的灵台，这样才会让自己更清醒、更坚强，才会得到更多欢乐和喜悦。

最无法战胜的是你的内心

恐惧源自于想象，折磨源自于内心。一个人内心的屈辱感、对现实的恐惧以及对未来的绝望，更能从精神上折磨一个人。世界上很多自杀的人是诗人、画家、哲学家，并不是因为他们面对了更多生活的磨难，而是由于他们拥有一颗敏感的感知折磨的心。内心不敏感，不足以捕捉生活中的异相从而成就作品；内心过于敏感，则容易感知到痛苦、折磨，更容易厌世、轻生。

著名诗人食指曾在“文革”中写下《相信未来》一诗，尽管他生活在那个特殊的年代，但依然对未来充满无限希望，他相信历史不会被永远扭曲，他终于等来了生命中的春天。在他的另一首诗《我从冰天雪地中走来》中，他写道：“人生就是场冷酷的暴风雪，我从冰天雪地中走来，”他描绘了自己面对折磨的心路历程：“化雪时冷得令人出奇地清醒，清醒明白得叫你说不出话来，哆嗦得下齿止不住地磕碰上牙，乖乖顺从了大自然作出的安排。雪化后的泥泞使你向前迈一步都一身大汗却是寸寸相挨。”少有诗人有这样的勇气，他敢于直面惨淡的人生而不逃避。因为他内心坚韧、对未来充满无限希望。

折磨分为两个方面，一方面是你肉体、心灵实际受到的折磨；另一方面是你的内心对这种折磨的感知程度。我们内心的屈辱、恐惧、绝望就是一个放大镜，它会让你受到的实际折磨无限扩大，直到无法承受。一个人最大的敌人就是自己，最大的折磨，就是内心的感知。这并不是要我们麻木无知，而是要我们锻炼心理的承受能力。既然折磨是我们人生中不可缺

少的一部分，那就让自己享受折磨，在折磨中变得更加坚强，更加沉着和成熟，从而收获更加丰富多彩的人生。

因此，面对折磨，我们首先要有宽广的心胸。俗话说“心底无私天地宽”。只有拥有宽广的心胸，我们才能够更加客观地看待生活中的折磨，知晓它是每个人的人生中必定要经历的，且是不可缺少的，我们就能够更加坦然地去面对它。

心胸宽广的人不会执著于眼前的折磨困境，他们的视域更宽广，他们心里装的不仅仅是个人的利弊得失，而是着眼于所有人生命中的磨难。那么，相对于所有人的磨难来说，自己受到的折磨只不过是过眼云烟罢了。耶稣身受钉十字架之苦，想的却是用自己的痛苦担起天下人的罪孽。因此，他丝毫不以为痛，不以为苦。很多革命先烈也以解除天下百姓的痛苦为己任，即使把牢底坐穿也丝毫不能动摇他们的决心。革命先烈瞿秋白被捕以后，虽然身陷囹圄，依然为看管他的狱卒的母亲治好了缠绵已久的病。这样宽广的心胸，怎么可能为个人的一点得失，受到的一点折磨而心灰意懒，以为人生无望呢?

虽然今天，平凡如我们，虽没有救国救民的大志，但也不要以自己为中心，受到一点磨难委屈，就以为世界末日降临，感觉生活暗淡无光，人生再无意义。让心胸宽广一点，再宽广一点，就会更加从容淡定，少受外界折磨的影响。

其次，还要有坚强的意志，孟子说“天将降大任与斯人也，必先苦其心志，劳其筋骨，饿其体肤，空乏其身……”老天折磨我们正是要降我们以大任。如果我们在折磨中能够保持乐观的心境，磨炼更加坚强的意志，那等到大任到来的那一天，我们才会更加从容淡定、沉着应对。如果我们一直呆在安乐窝里，那么，大任降临时，我们就会感到无所适从，面对大任中的困难我们就会退却，失去成大事的基本素质。所以，我们要直面折磨，锻炼更坚强的意志。

现在的很多年轻人，心理承受能力差，意志薄弱，有一点挫折就心灰意懒甚至轻生，这是不可取的。毕业于哈工大的25岁青年孙丹勇，曾在深圳富士康科技集团担任保管一职。2009年7月底，孙丹勇保管邮寄的16部

苹果iPhone样机少了一部，他因此受到环安科的调查，调查中受到非法搜身、拘禁。当时他难以承受巨大的精神压力，不能忍受屈辱而跳楼自杀。固然，孙丹勇的自杀是因为环安科的非法羞辱、折磨，但同时也说明了他的心理脆弱。如果他能够顶住压力，向警方报案，相信迟早有真相大白的一天。那时，不但能够还自己清白，自己的事业也会因自己的沉着冷静以及敬业而更上一层楼。即使此事不了了之，最坏的结果也就是离开公司，另寻工作，再开创一片新天地，也没什么大不了的。因此我们平时就要有意识地磨炼自己的意志，增强自己的心理素质，在面对挫折时，才会更加坚强，才能顶住生活、事业中的磨难以及人生中的风暴；当大任来临时，我们才能从容面对，成就大业。

再次，无论何时都要心存希望。顾城在他的诗中写道："黑夜给了我黑色的眼睛，我却用它来寻找光明。"我们要知道，无论遇到怎样糟糕的境况，都要对未来存有美好的希望。希望给我们勇气，给我们力量；对于光明的渴望，对于未来的期盼能够让我们在面对折磨时，更加勇敢。

南非前总统曼德拉曾经有过18年的监狱生活经历。那时，他是一名重点政治犯，每天都要在罗本岛监狱的采石场做苦工，在持枪看守的监督下拼命搬运石头，动作稍慢就有被毒打的可能，一旦越过采石场的边缘，就会被无情地射杀。并且因为石灰石在阳光的照射下，有极强的反光性，以至于他的视力逐渐下降。然而，就是在这样非人的折磨下，他却向监狱长提出了在监狱的院子里开辟一片菜园子的要求，经历了无数次的否决，五年之后他终于实现了愿望。正是那一片菜园和菜园中的番茄给了他和监狱中的犯人、狱警们无数的希望，使得监狱中囚犯和狱警们的关系逐渐和谐起来。

拥有一颗乐观、充满希望的心灵，即使身处磨难重重的牢狱，也能够开垦出人生的伊甸园。而曼拉德的菜园，就是他们希望的载体。有了对未来的希望，我们就能对苦难甘之如饴。

总之，不管生活给了我们多少折磨，我们都要用充满阳光的心对待它。只要我们拥有宽广的心胸、坚强的意志、乐观的精神，就能够笑着面对任何苦难和折磨，就能把折磨我们的地狱变成天堂。不要再让狭隘的心

灵折磨我们，不要再让脆弱的意志向苦难投降，只要我们拥有广阔、坚强的内心，就能够战胜世俗的折磨，走向人生的辉煌。

别让人生只剩下“逃避”二字

如果我们惧怕人生中的磨难，不敢面对现实，那我们的人生中就只剩下了“逃避”。鲁迅先生曾说“真正的勇士敢于直面惨淡的人生”。我们也要学会面对现实。生活中充满了磨难和陷阱，这个世界不是完美的，有它黑暗的一面，我们要敢于承认这样的现实，但要对这个世界充满希望。这样，我们才能更客观、更冷静地对待折磨。不哭泣，我们才能跌得有尊严，才能够在跌倒中迅速爬起，寻找光明，寻找我们人生的意义。

面对折磨，逃避没有任何意义，也没有任何结果。磨难是一个软弱的行刑者，如果你哭泣着躲避，他反而折磨得你更欢，他喜欢看犯人们哭泣、求饶、哀号、投降。相反，你咬紧牙关，无畏地迎上去，他反而会觉得这种折磨很没意思、很无聊，甚至会被你的无畏镇住、吓住。也许他会选择放过你，也许你会继续受到鞭打，不过这种鞭打迟早会结束，你会在这种鞭打中赢得尊严，赢得敬佩，赢得峥峥铁骨。

生活常常强加给我们很多不尽人如意的事，与其哭着躲避，不如笑着面对。“生活中，不如意之事十之八九”，那如意就只剩下一二，我们要常想一二，才能够苦中作乐；我们要笑面八九，才可能把这杯苦酒吞下去。生活这杯酒，苦、辣才是它的主味，只有在慢慢回味中才有一丝丝的甘甜，但只要你喝下它，腹中就会升起一股暖意，帮你抵挡外界的风寒。

古时候，有很多避世的文人们，他们不满强权，隐于山林，避得有智慧、有风度，值得崇拜，却不能够效仿。“阮籍猖狂，哭穷途于末路”。是说阮籍常常驾车远行，一直走下去，直到没有路可走了，就会坐在路的尽头，大哭一场，以表示对世情的愤慨。他的好友嵇康，因为

不满司马氏专权，退隐山林，以打铁为生，司隶校尉钟会想结交嵇康，轻衣肥乘，率众而往。嵇康与向秀在树荫下锻铁，对于钟会不予理睬。等候很久也没有回应后，钟会准备离开。嵇康开口问：“何所闻而来，何所见而去？”钟会回答：“闻所闻而来，见所见而去。”从此二人结下仇隙。嵇康对权贵的不屑，为他的死，埋下了隐患。还有鼎鼎大名的五柳先生陶渊明，不肯为五斗米向无知小儿折腰，于是辞官归故里，写出了《桃花源》这样的传世佳作，为历代文人所向往。他们的避世，是因对现实官场的不满，是一种积极逃避，这样的逃避和那些消极自杀逃避生活是完全不一样的。这样的逃避，是对官场的厌倦，却不是对生活的逃避。他们热爱生活，热爱普通的民众，只是不满统治者的黑暗。因此，嵇康有“广陵散”传世，陶渊明有“采菊秋篱下，悠然见南山”的名句。这样的热爱生活，不喜强权、不屑强权也不畏强权就是生存的大智慧，与那些消极逃避有天壤之别。

对于平凡的我们来说，不喜欢职场，回家种地去；不喜欢商场，打工为生去；而不喜欢官场，隐居山林去就是一个笑话。我们没有那样的环境，更没有那样的资本，时时想着隐退，就是一种幼稚的想法。每个人都有不喜欢的人，不喜欢的事，不喜欢承受的世情，但我们只有执著地面对它们，才能成就大的人生。

人人都会受世情、受心灵的煎熬，都会在不同的时期遭到不同的打击和折磨。不同的是勇敢的人用笑容去面对它，事情不一定能得到解决但也不会更坏；软弱的人用哭泣来面对它，但哭泣不能解决任何问题；懦弱的人，用厌世来逃避，不但事情不能解决，可能还会面对更糟的结果。

面对折磨，我们可以笑，那我们就是生活的勇士；我们也可以哭，那我们就是生活的弱者。但我们不能选择逃避，因为那就是生活的懦夫。面对生活中的磨难，我们都会郁闷，都会痛苦，笑着面对的勇士毕竟不多，我们都是平凡人，我们有哭的权利，但我们没有逃避的必要。面对痛苦，我们虽都有逃避的本能，但也都有承受的能力。生命中，没有不可承受的折磨。俗话说“没有受不了的罪，却有享不了的福”。我们不要轻易向痛苦投降，因为我们的生命可以承受的比我们能够想象的还要多。我们也不

要恐惧，因为恐惧不会给我们带来任何益处。面对生活中的痛苦折磨，我们要尽量无惧无畏、坦然面对，这样我们的心灵才会更强大；战胜自我，我们才能成为真正的勇士和智者。

逃避现实是没有用的，无论你怎样逃避，现实都不可能改变，它会随时随地地纠缠着你。“抽刀断水水更流，借酒消愁愁更愁”，正像我们无法把水流截断一样，我们同样无法把生活中的折磨、痛苦消灭掉，唯一的办法就是去面对它、解决它。无论你今天是失业了，还是在工作中遭到了排挤、打压，输给了对手，抑或是生活中，爱情遭遇了挫折，你的内心都会遭受折磨、煎熬。如果你惧怕这种煎熬这种锥心的痛苦，而借酒消愁，麻痹自我，逃避现实，那么你就是真正地输了。我们要做的就是让自己从自我麻痹中迅速地清醒过来，让这种锥心之痛来煅造我们，战胜自我，提升自我。学会更多的处世技巧，重新追求光明的生活。

面对生活中的磨难，我们不妨像高尔基诗篇中的雨燕一样，高喊一声：“让暴风雨来的更猛烈些吧！”这才是真正的勇者。

不甘心庸庸碌碌地度过一生

在《钢铁是怎样炼成的》一书中，主人公保尔·柯察金说道，“人最宝贵的就是生命，生命对于每个人来说只有一次。人的一生应该这样度过：回首往事，他不会因为虚度年华而悔恨，也不会因为碌碌无为而羞愧”。一个人最糟糕的就是庸庸碌碌地度过一生。

庸庸碌碌这个词，包含着两层含义。庸庸，指平庸的，没有目标，或有目标无计划地生活；碌碌，指忙忙碌碌但是却碌碌无为，整天都在忙，没有闲暇，却没有成果，没有作为。那么庸庸碌碌都有哪些表现呢？第一，没有人生目标，即所谓的无事忙。第二，没有生活热情，乐趣少。第三，对生活控制能力差，常常陷入空虚之中。

你经常感到疲惫吗？你经常对自己的未来感到迷茫和不知所措吗？你在工作中感觉不到乐趣吗？你经常陷入空虚和绝望吗？你经常陷入杂乱无章的冥想吗？你做事没有章法，经常陷入混乱吗？如果你感到每天都有做不完的事，但每一件事，却都没有明显的成果，那么，你正在过一种无效或是低效率的生活，也就是庸庸碌碌的生活。

事实上，我们中的很多人都在过这样的生活。你对未来有明确的规划吗？你每天都有计划地做事吗？你对自己的工作是了然于胸，有条有理地进行的吗？你很享受自己现在的生活，并且努力追求更好的生活吗？不！我们中的大多数人都不能够做到，或者做的都不够好。正如同你想增加财富、留住财富，就要学会理财、学会有计划地花钱一样。如果你想要自己的人生更加充实，更加有意义，永远朝着更加美好的方向前进，你就要学会打理自己的生活。

那怎样才能拥有充实的生活呢？

第一，专注于自己的目标，有计划地做事。

没有目标，就等于没有前进的方向，没有方向，即使你有再好的快马，储备了再多的资本，也会离你的目标越来越远。不能专注于自己的目标，就如同一匹马，一会儿向东走，一会儿向西跑，永远不能到达目的地。

有一个刚刚毕业的学生，他很喜欢摄影，于是进了一家报馆当记者，尽管他的摄影水平并不是很好，但凭着他对于文字的敏感，编辑决定试用他，并要求他在摄影技巧方面多多练习。因为刚刚毕业就找到了如此好的工作，他很得意，于是又托同学找了一份短信编辑的工作，接着开始准备考研资料，却把编辑要求锻炼摄影技巧的事忘在了脑后。短短的试用期很快过去了，报馆最终没有录用他。他感到无比后悔，此时，他才明白自己最想要的其实是做一个出色的记者。目标的迷失让他早早尝到了人生的苦果。

除了要有明确的目标以外，我们还应该有计划地做事，才能避免整天忙忙碌碌，却没有成果。我的一个朋友，决定在星期天打扫卫生。于是他开始整理书桌，整理过程中发现自己的楼梯扶手也脏了，就扔下书桌，去擦扶手。擦到一半，又发现自己应该从擦玻璃开始……结果一天过去了，

他的屋子还是又脏又乱，丝毫看不出整理过了。而我的另一个朋友恰巧相反，他做事之前，就会规划一下应该怎样做才会既节省精力，又有条不紊。如果他决定打扫卫生，他就会首先整理，然后擦洗，最后清扫，一整套事做下来，处处有章法、有秩序，从来不混乱，结果他总是花最少的时间，做最多的事。

有目标、有计划地做事，能够节省我们的精力，使自己始终处于有规律的生活之中，避免因无事忙而落入庸庸碌碌的生活俗套。

第二，有一份自己喜欢、并且努力为之奋斗的工作或事业。

无论我们是在为别人打工，还是有自己的事业，只要对工作热爱，都能够让我们的生活更充实、更有意义。每个人都喜欢玩乐，但我们要清楚，人生的意义不是在娱乐中体现出来的，而是在你为世界做出的贡献中体现出来的。热爱工作可以使我们感到更充实、更快乐。一个人除了吃饭睡觉，大部分的时间都在工作，如果你不喜欢自己的工作，就等于大部分时间处在折磨、痛苦之中。如果对工作没有热情，就不可能有成效，更甭提成就大业。热情洋溢地工作，并在工作中获得乐趣和进步，是我们充实生活的关键。

第三，有生活情趣，有一个和自己有共同爱好的伴侣。

这是每个人都追求的生活。对生活中的所有事都有极大的兴趣，会享受人生，就不会陷入空虚和绝望，不会陷入无意义的混乱冥想。很多人都说日子无聊，情绪郁闷。如果我们看看孩子们在尽情地玩耍，少女们充满生气和阳光的笑脸，我们就会让自己高兴起来。常常带着好奇和兴奋的目光观察生活，我们就会发现很多惊喜，人生就会充满乐趣。

第四，有自己的追求。

一个人对于事业、对于更加美好的生活的追求，是一个人努力的动力。只有拥有了这样的动力，我们才会充满活力。有些人总是对任何事都提不起兴致，提不起精神，是因为少了一点对于真诚、美丽、财富、光明的追求，所以才会委靡不振、有气无力。恋爱中的人，通常都会精神奕奕，那是因为对于爱情的追求使他们快乐。任何时候，做一个有理想、有追求的人，都会让你的生活更加生机勃勃。

有悲有喜，有巅峰，有低谷，有痛苦有喜悦才是人生。尽管这样的人生并不完美，尽管有时我们不得不承担很多的折磨，遭遇很多的磨难，但只有这样的人生才是真实的，才是充实的。一个人最糟糕的就是无风无浪、庸庸碌碌地度过自己的一生。宁愿遭受折磨，也要有所作为，这才是大丈夫。

新的开始是修正错误的良机

面对折磨，我们只有站起来，才能够有机会修正自己所犯的错误，减轻内心的悔愧，才能够从折磨中解脱出来。

不管给我们造成麻烦、痛苦的原因是什么，我们总能够从自己身上发现一些事实的或想象出来的错误。这些错误使得我们内疚、悲哀，甚至陷入绝望。我们也许都曾被内疚和忧患击倒过，我们有种种逃避折磨的办法：借酒消愁，操起毫无意义的嗜好或者无精打采地转悠，消磨时光。而这些只能是任自己沉浸在痛苦中无法自拔。只有重新振作起来，我们才能够摆脱痛苦和折磨，修正自己犯过的错误；如果我们无法修正，就要尽量弥补错误带来的后果。那怎样开始我们的第一步，从而一步步摆脱折磨呢？

首先，结束毫无意义的逃避，反省自己的错误。逃避，是我们麻痹自己的一种方式，在这样的麻痹中，我们会失去自我，变得浑浑噩噩。只有结束这种麻痹，我们才能够变得清醒，只有直面那种锥心的痛苦，我们才会振作起来。痛，会刺激我们跳起来，也会让我们更清醒地认识到自己的错误。只有清醒着，我们才能重新站起来，重新开始新的生活。

其次，摆脱痛苦，结束折磨。要想驱赶痛苦，并不是很容易的事，但只有我们挥剑斩断自己的烦恼痛苦，才能够无牵无挂地继续前行。

怎样摆脱痛苦呢？可以尝试一下下面几种方法。

第一，学会向别人倾诉，宣泄自己委屈、内疚的情绪。

向人倾诉是从痛苦中解脱的好办法，通常当我们陷入了悲伤之时，找一个知心好友来倾诉自己的心事，要比在孤独中自己舔舐伤口更能够摆脱哀伤。聊天可以让我们快乐，向一个可以推心置腹的朋友倾诉痛苦，则可以让我们有松一口气的感觉。

我有一个朋友李某，是一个喜欢独自承担痛苦的人，他信奉的原则是，你可以不高兴，但请不要把这种情绪传染给别人。但是，生活中他并不快乐，朋友们也不是很喜欢他。一次，他遭受了巨大的打击，很长时间无法从痛苦中解脱出来。于是，一个朋友建议他去看心理医生，他拒绝了，因为他不喜欢把自己的隐私透露给陌生的人。于是那位好友说："如果你相信我，向我诉诉苦吧。"李某一边喝酒一边向朋友尽情地发泄悲痛，尽管朋友一句劝慰他的话也没说，但他感到自己好像放下了一个大包袱，轻松了很多。这样的倾诉，却并没有给朋友带来任何烦恼，相反他们更友好亲密了。印度诗人泰戈尔曾说："与朋友分享痛苦，痛苦就变成了半个；和朋友分享快乐，快乐就变成了两个。"倾诉痛苦不但让我们宣泄了负面情绪，而且能够让我们与朋友间的关系更亲密。因为所有人都喜欢坦诚的朋友，倾诉痛苦，正是一种坦诚的表现，是重视别人的表现。如果你已经不能承受麻烦所带来的心理折磨，那么向朋友倾诉吧，那是你摆脱痛苦的开始。

第二，到接近你以往生活的地方去，倾听新生的声音。

许多人曾陷于极度迷茫的困境中，这时不妨回到接近你以往生活的地方，能够得到意想不到的欢乐和力量。很多人在遇挫时，都喜欢故地重游。比如，有人高考失利了，如果能回到当初学习的教室，就能回忆起很多求学时美好的情景，就会重新燃起斗志，为复读备战。从而摆脱了痛苦，重新站了起来。

第三，回到众人中间去。

如果害怕别人的嘲笑甚至同情会刺伤我们的自尊，我们的确需要孤独。但我们也要适时地放弃孤独作战，回到众人中间去。在众人中间才能感受到现实世界的美好热情；从别人的鼓励中，我们能够收获力量；在热

爱生活的、乐观的人们中间，我们会感染快乐的力量，恢复重新生活的勇气。重新生活的路最终要通过我们与别人的亲密关系和共同努力才能获得，回到众人中间去，是唯一一条和他人建立共同努力关系的道路。

如果，你能做到这些，就能够很快地摆脱痛苦、结束折磨。折磨结束之后，我们要开始新的生活，那么从什么地方开始自己的第一步呢？

第一，从原谅自己和别人开始。

原谅自己的错误，如果用自己的失误来惩罚自己，是不明智的。不要责备别人对你做的事，别人对你的伤害，如果是你应得的，你就要从中学到一些东西；如果是你委屈承受的，就要忘掉它。宽容自己并原谅他人，是我们重生的第一步。

第二，从修正自己的错误、弥补自己的过失开始。

如果我们能迅速地修正自己的错误，就会减轻自己后悔的心理。如果，错误是不可改正的，它已经造成了很严重的后果，我们就要试着从其他方面弥补自己的过失，减轻愧疚之情。曾有一位经理，因为自己的过失，给公司造成了很大的损失。虽然没有人埋怨他，但他依然陷入了痛苦之中，直到他为公司做出了另一项贡献，才止住自己的愧疚之情。改正自己犯下的错误，弥补自己的过失可以减轻我们的心理负担，使心灵得到安慰，重拾生活的勇气。

第三，从最简单的事做起。

因为我们刚刚遭受了巨大的痛苦，曾经遭遇的困难会影响我们重生的热情，让我们更加惧怕站起来。

为了重燃这种热情，我们要从最简单的事做起，才能一步步坚定自己的信念，重新站起来，走出去。一个人成年后突然失明了，于是他陷入了绝望，直到他遇见另一个失明的人对他说道："哦，你可以从自己洗袜子开始。"简单的事，可以增加我们的信心，有了开始的几步，你就会在重生的路上走得更稳、更远。

有开始，才有机会修正错误、弥补过失。如果今天我们依然沉浸在痛苦和折磨中，那么，从现在开始，就摆脱痛苦、重新开始生活吧！这会让我们获得弥补自己过失的机会，如果我们没勇气站起来，就会一直

沉浸在犯错的内疚中。让我们勇敢地摆脱困境，重新来到生活的正常轨道上来吧。

历经磨难，才能体会到获得的喜悦

体验折磨的痛苦，才能体会到获得的喜悦。这句话让我想起了一则小故事。

一个男人，有了一份小小的事业，于是，面临了很多诱惑。他决定与他交往了七八年的女友分手。他开始寻找女友的缺点：个子高大，一点也不懂温柔，甚至脸上还有一颗碍眼的黑痣。打定了主意，于是他去车站接女友回来。时间一点一滴地过去了，他没有接到女友，却听到了一个令人震惊的消息，她所在的那个山城，下了场很大的暴雪，导致一辆客车出了车祸。他顾不得危险，马上去了那个城市，找到了收容车祸伤者的医院。结果，他没有找到她。痛苦折磨着他的心，他不禁想起了她以前种种的好：总是默默地支持着他的工作；他有胃病，她一定要让他吃早餐，甚至为他学会了煮豆浆。“她为什么不是那个只擦伤了一点皮的女人，为什么不是那个断了腿的女人，甚至为什么不是那个成为了植物人的女人？”如果她还活着，他一定好好对她，让她成为最美丽、最幸福的新娘。她甚至在电话中还暗示着他们的婚礼，自己却因为犹豫，没有正面回答她。此刻他的心里充满了悔恨。

然而，不久他接到了她的电话，因为暴风雪，她留在了一位同学家中，因为山里面信号不好，她没能及时打电话给他。巨大的重新获得的喜悦冲击着他的大脑，他握着话筒，泪流满面。最后他们幸福地生活在了一起。

如果没有那场车祸，如果没有失去的折磨，男人永远不知道自己有多喜欢自己的女友，永远不知道珍惜自己所拥有的幸福。

对于我们来说也一样，只有体会到折磨的痛苦，我们才更能体会到获得的喜悦，才更能珍惜自己的成果。生来富足，没有经历过磨难的人，即使获得了巨大的成功，也不会感觉到无比的喜悦。因为，第一，他觉得一切都是理所当然、顺理成章的，顺境没有让他体会到成功必须付出的艰辛。第二，没有磨难作对比，没有体会到折磨的痛苦，没有心理落差，喜悦感就没有那么强烈。

事实上，有这样幸运的人，实在是少见。人们通常都是经过一番折磨、一番痛苦才能够收获成功。正所谓“不经一番寒彻骨，哪得梅花扑鼻香”。只有经历了生命中的冬天，经历了生活无情的磨砺，才知道成功的不易，才能体会到获得的喜悦。

唐僧取经，历经九九八十一难才取得真经。有人说，那只不过是神话。事实上，唐玄奘从中国陕西，徒步到印度去，经历的艰难险阻、困难折磨，只会比神话中多，不会更少。他要穿越危险的丛林、干旱的沙漠，古代的交通不发达，他绕了很多弯路，历经了很多坎坷，才到达印度，把印度佛法带到中国来。与此相似地，还有著名的鉴真大师，他八次渡海，才到达日本。一次在海上遭遇风浪，导致他的一双眼睛失明了。在日本大昭寺中，受万人敬仰的鉴真大师，不是平白无故才会得到敬重的。日本人的傲慢世人皆知，他们能对一个平凡的中国人膜拜，不是没有原因的。因为他历经磨难把中国先进的佛法和建筑文化带到了日本，因为他是坚强意志和善良本性的化身。

事实上，我们要获得成功，历经的艰难不会比他们多。因为，社会越来越进步，我们的条件越来越优越，只要我们坚持奋斗，就更容易获得成果。但是我们也要看到，随着社会的进步，人们更加清醒，大家都在追逐成功、追求卓越。竞争也越来越激烈。商人要争取大生意，几年前就要开始准备，打通人际脉络，收集情报，训练人员，事事争先。而为争取更好的职位，职员们更是加倍努力修炼自己，比能力、比关系、比做事效率，人人争先。在这样的竞争环境中，我们要想出人头地，也不是随便就可以做到的。在这过程中，谁更有远见卓识、更有智慧，谁更早行一步，谁在面对折磨时更加冷静、清醒，更早站起来，谁就能比别人有更多优势，就

能更快到达人生的巅峰。

人生中有很多苦难，但所有的苦难中，几乎都藏匿着成长和发展的种子。在欢喜状态时，人们通常不会自我反省，也没有上进心。相反，在苦恼挫折的折磨中我们反而会经常进行自我反省，不断进步，超越自己。因此，我们更易在忧患中得到进步、得到成功，而这才是真正的幸福和快乐的开始。

因此，没有磨难，就意味着没有进步。你没有进步，别人却在不断进步中，你就会离成功越来越远。因此，磨难的痛苦，反而意味着获得的喜悦。我们要欢迎这种磨难，享受这种磨难，就像享受收获一样。

俗话说“饿了吃糠甜如蜜，饱了吃蜜蜜不甜”，有了痛苦折磨的对比，收获的喜悦才会更加显著。如果我们一直沉浸在喜悦之中，反而不能够体会到成功带来的成就感、快乐感，我们的快乐就会打折。

人生总是先苦后甜，“宝剑锋从磨砺出，梅花香自苦寒来”。没有磨砺的痛苦，没有苦寒的折磨，甚至连自然界都会失去它的魅力。明白了这个道理，我们就会更乐意体验折磨的痛苦，体会进步、收获带来的快乐。有苦有乐，才是人生；有失有得，才能成就大业。

拥抱痛苦，更能体会幸福

境由心生，痛苦本身不是问题，如何对待它，才是最大的问题。有时拥抱痛苦一样可以幸福。人生不如意之事十有八九，如果我们总从消极的一面去看待生活，我们就会陷入无边的折磨中。而如果我们以一颗乐观的心来对待生活，即使遭遇什么样的磨难，我们也同样可以幸福。

《果核里的时间》的作者科学大师霍金，为世人所推崇，这不仅是因为他的智慧，还因为他是一位人生的斗士。在一次学术报告会上，一位年轻的女记者走上讲坛，问这位在轮椅上生活了三十多年的科学巨匠：“霍

金先生，卢伽雷病将您永远地困在了轮椅上，您不认为命运让您失去的太多了吗？”霍金依然用他坦然的微笑面对着这个尖锐的问题。他用自己还能活动的手指，艰难地叩击着键盘。不久，宽大的投影屏幕上出现了这样醒目的几行字：

我的手指还能活动，

我的大脑还能思维：

我有终生追求的理想。

我有我爱和爱我的亲人和朋友；

对了，我还有一颗感恩的心……

短暂的安静之后，掌声雷动。人们纷纷涌向台前，向他表示由衷的敬意。霍金先生在轮椅上度过了他人生的大部分时间，他用自己的智慧、乐观为自己赢得了前后两位妻子，他用自己的坚强写下了许多不朽的物理著作。病魔困住了他的躯体，却并没有困住他自由伟大的灵魂。他并非从来没有为失去感到过痛苦和折磨，只是他更看重自己拥有的，更重视快乐，所以，他才有更卓越的人生。

拥抱，是爱的一种外在表现。我们说，拥抱明天，拥抱快乐，实际上就是爱明天、爱快乐。事实上，珍惜和热爱我们拥有的，就会让我们感到幸福。对于痛苦来说也一样，热爱痛苦，我们同样可以幸福。

人生来拒绝痛苦和磨难，但谁又可以真正不经受痛苦呢？有时我们甚至还要自找一些痛苦来折磨自己。有谁在练琴中没有受到过折磨？那咿咿呀呀的难听的声音，那一遍遍无聊的重复，都让我们的耳朵、手和心灵备受折磨，可还是有越来越多的人加入到练琴的行列中来。小时候，我们为练习写字牺牲了很多玩耍的时间，那时，看着窗外自由自在的小鸟，对于我们也是一种难以忍受的折磨。但我们还是义无反顾地一日一日练下去，甚至直到成年还有人为自己当年没有好好学习而后悔。学习是快乐的吗？对于我们中的大多数，都不是，尤其是那些我们不感兴趣的科目。但我们都有理智，让自己热爱学习，因为我们知道，尽管它是痛苦的，但它有用，我们就必须热爱它。也许，在日复一日的痛苦中，我们终将体会到折磨带来的快乐。当我们能够完整地弹奏一首曲子时，当我们的字终于练得

龙飞凤舞时，当我们能够随着音乐翩翩起舞时，那种心满意足的喜悦是无可比拟的，以至于自己连日来受到的痛苦、折磨、委屈都烟消云散了，辛苦、劳累终于都有了价值。所以，拥抱痛苦，同样可以让我们感觉幸福，甚至可以让我们主动地享受痛苦。

人人都知道“生于忧患，死于安乐”这句话，一个国家常常因为贪图安乐而走向灭亡。人生也常常因为安于快乐而不思进取，最终走向失败。有人却在忧患中，不断反省自己，获得进步，取得成功。所以人生要有忧患意识。事实上我们每个人都有一定的忧患意识：恐怕自己赶不上社会潮流，不断学习时尚；唯恐自己遭到公司的淘汰，不断进修；恐怕青春老去，因此不断地进修某些美丽课程。每个人担忧的都不一样，遭到的痛苦也是不一样的。有一样却是相同的，那就是我们把精力放在了哪里，收获就在哪里。

拥抱痛苦，我们同样可以幸福。音乐家贝多芬拥抱了失聪的痛苦，却在内心的宁静中，扼住了命运的咽喉。我们可以想象到他的晚年是痛苦掺杂着喜悦的，这是被动地承受折磨；梵高割掉了自己的耳朵，却在这样的痛苦中，收获到了更卓越的人生。我们不会用自残身躯来折磨自己，却能够不断地用忧患的意识折磨自己，以使自己不断奋斗、进取，从而获得幸福。

别为了面子而丢失自己

很多时候，事情对我们的折磨，并不是磨难本身，而是对于我们自尊的伤害。每个人都有自己的尊严，必要的时候，我们要维护自己的尊严，但切不可为了面子而迷失自己。我们要时刻记得自己人生的目标是为了取得成功，是为了更加美好地生活，而不仅仅是争强好胜、逞勇斗狠，更不仅仅是为了维护所谓“面子”。面子很重要，但还有比面子更值得重视的

东西，那就是生命，还有自我价值。

盛怒之下，别忘了自己追求的到底是什么。成功可以解决一切问题，那是发脾气不可能真正解决的。成龙在电视上讲述他还没成名的时候，曾经有个美国很有名的节目邀请他，他当时觉得是个非常好的机会，可对方的节目制作班底让他坐飞机到制作现场等了七八个小时之后，又告诉他节目取消了，请他自己再坐飞机回去。成龙非常生气，但他什么也没说，只是暗暗下了决心，自己将来一定要足够成功。当他出名之后，那个节目又联系他希望给他做节目，而他要求对方全班人马飞到香港，对方二话不说就飞过来专门给他做了一期节目，让他也解了当年的气。

如果他当初大发脾气，不但会被别人看不起，更是把自己的价值仅仅与一期节目联系在了一起，那后果不堪设想。觉得颜面受辱，心理上过不去是很正常的，但我们只有把耻辱的刺激当做前进的力量，侮辱对于你才发挥了它的作用。

我们遇到一件事的时候，不要一时冲动，就做出不理智的决定。我们首先要考虑利弊，两害相权取其轻。既然侮辱对我们造成了伤害，那我们是发脾气回击呢，还是默默忍受，把它当做前进的动力呢？无论如何“冲冠一怒为颜面”式的怒气对你的伤害都是最大的，因为它不仅仅伤害了你和对方之间的关系，而且严重伤害了你的身体和心灵，“杀敌一千，自损五百”可以说是对于发脾气害处的最佳形容。

我们在什么情况下，要放下尊严，委曲求全，不要为了维护面子而做蠢事呢？

第一，不要为面子做无谓的意气之争。

在生活中，总会遇上自己认为是奇耻大辱的事，有人却能忍一时之气，终令人刮目相看。韩信佩剑而行，受到街头无赖的挑衅，能忍胯下之辱，终究成就大业。而有些人为争面子，一刀杀了侮辱自己的人，结果在监狱中度过余生。做事要权衡利弊，永远不要做没有价值的争斗，因为我们无论做什么事，都是为了追求自身价值或社会价值，而没有价值的争斗，不会为你和他人带来任何益处，只会伤害到彼此。所以，如果别人在无意间伤害了你的自尊，也不要做无谓之争，为自己的日后树

敌，增加自己成功的成本。如果别人有意为之，原谅他、宽容他也不会为你带来坏处。

第二，不要为了维护颜面，以自己的生命做赌注。

很多人为了维护自己的面子，觉得失败了，“无颜再见江东父老”，于是选择用结束生命来维护自己的尊严。很多人因为无法面对他人对自己的侮辱或者犯下的错误，而选择结束生命，这是极其错误的。无论何时，生命都是第一位的，没有了生命就没有了一切，结束生命既不可能弥补错误带来的损失，也不可能真正洗刷自己的耻辱。唯一修正错误、洗刷耻辱的方法就是从痛苦、折磨中解脱出来，接受教训，取得成功。

第三，不要为了面子，拒绝回到众人身边。

很多人在受到痛苦、折磨时，惧怕众人怜悯同情的目光会刺痛自己的伤疤，伤害到自己的自尊，于是选择避开众人，独自面对自己的伤痛。其实，孤独，尤其是忧伤中的孤独很容易伤害到自己，让自己有想不开的感觉。这时，只有回到众人之间，接受众人的安慰，才是明智的选择。只有建立起自己与他人沟通的桥梁，才更容易让自己脱离伤痛，回到正常的生活中去。

总之，我们要适时地顾面子，而不要一味地顾惜颜面，忘了自己的目标。越王勾践为了复仇曾为夫差尝便，被视为奇耻大辱。但如今我们都记住了他三千越甲可吞吴的豪情，哪还有人记得他曾受过的侮辱。即使有，人们也只是佩服他的勇气，而不是唾弃他的为人。如果我们为了一时的面子，而忘了长远的利益，就不仅仅是在做赔本的生意，而是把自己也赔进去了。

不要为了一时的颜面而迷失了自己，误了我们的长远利益，那就得不偿失了。时刻记住自己的目标，才不会因为一时的气盛而做出让自己后悔的事。

每一种挫折都隐藏着成功的种子

生活中，每个人都会遇到一些挫折，那我们到底为什么会遭遇这些呢？遭遇了这些以后，我们是消极地对待它，还是积极地对待它？当我们用一种正确的态度对待它时，我们获得怎样的好处？这就是我们要研究正确对待折磨的本意。人不会无目的地做一些事，在我们做一件事之前，先要想清楚自己想要达成的目的是什么。下面就让我们一一解答以上的几个问题。

我们做一件事的目的不外乎追求成功、欢乐和更加美好的东西，使自己的生活变得更轻松愉快、更富足康乐，这是人类做一切事情的最终目的。我们研究挫折，也是要达到这样的目的。那么，挫折是怎样把我们带向成功的呢？这就要求我们清楚成功需要具备的素质。一个人想要成功，就必须在下面几个方面下工夫。

第一，一定的做事能力，也就是学识和专业技术。

如果一个人没有能力，没有智慧，那么一切就失去了成功的载体，就等于零。你不能奢望一个低智能的人会获得成功，尽管世界上也有这样的例子，但毕竟是少数。尽管一个人事业的成功，只有15%靠的是他的学识和专业技术，但这15%是最关键的15%，是不可缺少的，它们是实力、是基础。如果说，成功是一座大厦，那能力就是一块地皮，没有地皮，大厦就没有建立的地方。没有实力，成功就等于空想。

第二，我们需要一定的心理素质，它包括性格，即情商和挫折商。

心理素质太差，只是智能优秀是很难有所作为的。一个人心理素质的好坏，心理状态是否健康完整，会决定一个人一生是否幸福，是否能够有所作为。情商决定你的命运，如果你的情商有缺陷，你就会不断遭受挫折、遇到困难，即使你是一个才华横溢的人。挫折商决定你最终的成败，如果你不能承受失败，或在失败中深受打击，很慢才能爬起来，那么你人

生就会彻底失败。为了挫折自杀的人，就是这样的人，逃避痛苦的人仅在其次。

第三，我们还需要一定的人脉。

单纯的事情好做，只要有一定的能力，会出一定的努力，就能够完成。关键是人，做事离不开人，而事情一旦牵扯上人情，就会变得复杂。做事要成功，一定的人情世故是必须要懂的。一个人如果为人处世上比较完美，做事就会减少很多阻力，就比较容易成功。

知道了成功需要怎样的素质，那么我们为什么遇挫就很清楚了。如果不是我们能力太差，就是我们运气不好，而运气取决于心理素质的好坏；或者我们人情世故不够练达。那么，挫折究竟会给我们带来什么呢？

首先，挫折让我们反省自己。一个人处于顺境中时，很少做这样那样的反省，因为不需要。遇到磨难困苦了，一定会反省自己到底哪里做得不足，哪方面还存在缺陷，或者在哪犯了错误。这一切会形成经验教训，使得我们能够弥补自己的不足，避免日后犯相同的错误。

其次，挫折让我们清楚自己的缺陷在哪里，让我们拼命地弥补自己的缺陷。如果我们能力不足，我们就会努力增加自己的实力，使自己更加强大，也就超越了原来的自我，使自己更加接近成功；如果我们性格有缺陷，就会弥补性格中的不足，性格决定命运，我们的运气越好，离成功就越近；如果是因为我们为人处世存在不足，我们以后会在这方面更加注意，不会犯相同的错误。

最后，挫折磨练我们的意志。意志是心理素质中重要的一部分，在心理学中，它被称为挫折商。挫折商是一个人承受挫折的能力，我们在人生的路上，少不了摔跤、遇挫，坚强的意志可以帮我们克服负面的情绪，增加我们的挫折商。

现在，让我们看看成功和挫折这两者的联系。如果我们细心阅读了上面的文字，就会有一个印象：成功需要的素质，就是我们在挫折中可以得到的经验教训。这两者基本上是一致的，也就是说，我们犯了一次错误，忍受了一次挫折，吸收了一次教训，就在自己的成功者素质上增加了一笔，我们的素质无论哪方面就会得到提高。我们犯了哪方面的错误，就会在哪方面提高自己的素质，从而上升一个层次。如果我们遭受了不同的挫折，那么我们整体的素质就会提高。

所以，每一种挫折挫折，都隐藏着成功的种子，是挫折让我们获得的经验这个意义上来说的。从另外的意义上来说，我们每克服一次挫折，就会让自己产生一种胜利感、成就感，会让自己的生活更加快乐、人生更有意义。这样，即使我们的事业不是很成功，但我们的整体人生却是成功的，也就少了很多遗憾。

每一种挫折，都隐藏着成功的种子，这是毋庸置疑的。问题是，我们怎样让这颗种子生根发芽，长成参天大树呢？这不仅需要我们忍受挫折、克服挫折，还要求我们有更高的智慧，即从挫折中寻找出原因并接受教训，永远不在同一个地方跌两次跤，这才是我们能够从挫折中获得的益处。

从这个意义上来说，不仅是成功要经历挫折，而且成功需要挫折。这让我想到了一个小故事：一个老渔翁把自己毕生的捕鱼经验，比如，在何处撒网，放多少钓饵，在什么样的天气季节，从哪里下网最合适等，教给了他的儿子。但他的儿子却不能比别人钓到更多的鱼，老渔翁很迷惑，于是去请教一位高人。高人指点他："你能够教给他捕鱼成功的经验，却不能给他失败的教训。他只知道怎样能多捕到鱼，却不知道怎样避免捕不到鱼。有很多事不是教导能够解决的，唯有亲身经历，才可以获得经验。"很多人能够教给我们成功的经验，我们却需要自己去体会失败的滋味，体会怎样避免再次失败。所谓的"教的曲，唱不得"就是这个意思，明白是一回事，做到又是另一回事。

我们都明白挫折对于我们的意义，当挫折到来时，我们都会痛苦难过。而每战胜一次挫折，就是一次成功。

第2章 直面人生：有勇气扼住命运的咽喉

生活从来都是喜忧参半的，每个人都笑过，任何人都哭过。但是哭过之后，我们必须学会重新站起来，学会在眼泪的背后成长。在人生的旅途中，有哭有笑，重要的是我们应该如何直面哭与笑的生活，掌握好自己的命运。

一切尽在把握中，就等你开启命运之门

命运是一个人一生所走完的路，是一个人用一辈子所完成的作业。许多人认为，命运是天注定的，是不可以改变的。但是，智者说，命运不过是人生的方向盘，驶往哪个方向掌握在每个人自己的手中。当然，一个人要想改变自己的命运，就需要有思想、有想法，因为命运的轨迹是由想法铺筑的。

哲人说："要么你驾驭生命，要么生命驾驭你，你的心态决定你是坐骑还是骑手。"那些驾驭了生命的人，他们就像《老人与海》里的那位老人一样，可以被消灭却不可以被打败。在成长的道路中，不要去想是否能够成功，既然选择了远方，就只顾风雨兼程。命运的敲门声已经响起，那么，我们就要用自己手扼住命运的咽喉。

高三那会儿，我整天为成绩而忧愁，站在密密麻麻的成绩表前，我连哭泣的力量都没有。残酷的现实就像一把锤子，把我的理想敲得粉碎。同学劝我，或许报考艺术学校会是进入大学殿堂的一条捷径。但是，那高昂的学费，对我们这个普通的工薪家庭来说，可望而不可即。前面的路毫无选择，在命运面前，我不得不服输。那些日子就似凤凰涅槃前的锤炼，像个梦魇，又好似生命的断层。

在一个周末，父母硬是拉着我去爬山。那时，九月的山林艳阳高照，而平时很少运动的我疲惫不堪。走到了半山腰，我实在走不动了，气喘吁吁地举手投降。父亲转过身来，对我说："走不走，决定权在你的手上，然而，你知道吗？并不是你走不下去，而是你自己早认了输。"

接着，父亲张开我的手，指着掌心那些纵横交错的纹路说："命运在你自己的手中，不是分数，更不是高考。"我张开掌心，看见那所谓的生命线、事业线，然后，紧紧地又紧紧地握住了拳头。这一次，我没有认输，我一口气登上了山顶。一览众山小，站在山顶，我的心中感到一种云开雾散的释然，顿时豁然开朗。

原来，命运藏在思想里，躲在心灵里。

一个不轻言放弃的人，世间所有的困难都会为他让道。那些轻言放弃的人，无疑是自己打败了自己。在这个世界上，我们不可以被任何人打败，除了自己。或许，我们不能改变际遇，却可以把握自己；我们无法预知未来，却可以把握现在；我们不能延长生命的长度，却可以拓展生命的宽度。把命运交给自己，我们就是命运的主人。

命运掌握在自己手中，这个世界上的任何事情，都不会有捷径。因为，上帝在给予你成功的同时，也会给你成功之路撒上坎坎坷坷的绊子，如果畏惧了，也就跌倒了，你便会和成功失之交臂。相反，如果你能坦然面对这些坎坷，不屈不挠地向前走，成功之门就会为你敞开。

一个生活庸碌的人去拜访禅师，他问禅师："你说真的有命运吗？"禅师回答说："有的。"他问："是不是我命中注定穷困一生呢？"禅师让他伸出他的左手，指给他看说："你看清楚了吗？这条横线叫做爱情线，这条斜线叫做事业线，另外一条竖线就是生命线。"然后，禅师让他跟着自己做了一个动作：手慢慢地握起来，握得紧紧的。

禅师问："你说这几根线在哪里？"那人迷惑地说："在我的手里啊！"禅师笑了，继续问："那命运呢？"那人终于恍然大悟，原来命运是在自己的手里，而不是在别人的嘴里。

禅师用短短的几句话、一个动作就解决了至今许多人一直没有弄明白的一个问题。培根说："不容否定，一些偶然性常常会影响到一个人的命运——例如长相漂亮、机缘凑巧，以及施展才能的机会等；但另一方面，人的命运也往往是由自己掌握的。正如古代诗人所说：'每个人都是自身的设计师。'"

在生活中，我们经常听到的是这样的说法：人的命，天注定，生不逢时、命运不济等。这样一些对命运的悲观论调在不少人的脑子里已经根深蒂固了，他们好高骛远，仰人鼻息，最后，他们只能成为命运的坐骑。所以，放平心态，从一木一石做起，做好自己的事，走好自己的路，自己救自己，才能改变自己的命运。

直面现实，不要活在自己的幻想中

阿法朗诗曾说：“我坚持我的不完美，它是我生命的真实本质。”生活中，大多数人所梦想的人生太理想，他们终生都在寻找最“理想”的人生。然后，日子就在这种寻找中如白驹过隙般地流走了。与其追求理想的人生，不如把握眼下真实的生活。

理想人生是一座心中的宝塔，你可以在内心中向往它、塑造它、赞美它，但是你万万不可把它当做一种现实存在。因为太理想的人生，往往会失去它的真实性，而你最终只会陷入无法自拔的矛盾之中。人生本是真实的、简单的，而偏偏有许多人对生活的幻想超出了生活本身，假意妆点生活，希望生活变得如同橱窗里的塑料花一般，十全十美。孰料，那塑料花只是装饰品，它没有生命，自然不具备真实，虽然，它看起来很精致，但少了花香，少了露珠，缺乏生物应有的生气，更缺少生命经历之后的真实。

一个总是郁郁不得志的人，找到了智者，他向智者诉说自己的遭遇和无奈。

智者听了他的诉说，沉思良久，舀起一瓢水，问：“这水是什么形状？”那人摇摇头：“水哪有什么形状？”智者不语，只是将水倒入杯中，那人恍然大悟：“我知道了，水的形状像杯子。”

智者没有说话，他又把杯子里的水倒入了旁边的花瓶，那人顿悟：“我知道了，水的形状像花瓶。”智者摇摇头，轻轻提起花瓶，把水倒入一个盛满了沙土的盆里，水一下子溶入了沙土，不见了。智者低头抓了一

把沙土，叹道："看，水就这么消逝了，这也是人的一生。"

听了智者的话，那人陷入了沉思，良久才说道："我知道了，你是通过水告诉我，社会处处就像一个个不规则的容器，人应该像水一样，盛进什么容器就是什么形状。"智者笑了，说道："是这样，也不是这样。很多人都忘记了一个词——水滴穿石。"

那人大悟："我明白了，人可能被装于各种不规则的容器，但也能像这小小的水滴，改变着坚硬的石头，直至穿破。为人处世就像水一样，能屈能伸，既要尽力适应环境，也要保持本色，活出自我。"

追求理想的人生是人类正常的渴求，同时，也是人类最大的悲哀，因为现实生活中"理想"这个字眼的诞生原本就伴有"缺憾"与之对应。在这个世界上，并不存在太理想、太完美的事物，如果你把一味地追求理想的茧一层一层地套在身上，那么，你最终也将会困在这重重的包裹之中。永远不要将生活理想化，否则，你将陷入无法自拔的矛盾之中，最后也只能在哀叹中终老而死。

一位刚做了整形手术的女人一边打量镜子中的自己，一边埋怨道："你并没有对我的面孔做太大的改变。"医生说："你的面孔本来就只需稍作改变，问题是你使用面孔的方式错了，你把它当做一个面具，用来遮掩你的真实感觉。"

女人伤心地低下头："我已经尽最大的努力了，每天我到学校的时候，都像戴着面具，极力想表现出最好的一面，把所有的感情都隐藏起来，只留下我认为正确的一部分，但是，孩子们总是嘲笑我。"

医生说："孩子们嘲笑你，是因为他们已经看出你一直在演戏。作为一名教师，并不一定非要表现得十全十美，偶尔也可以表现得愚蠢一点，学生仍然会尊重你。拿掉你的面具，你会更喜欢你自己。"

美不是伪装，而是真实的释放。真实的东西总会打动人，就像那些花儿，虽然它会凋零，可是我们还是喜欢它，因为它是真的。而那些假花，即使再好看，人们也一样不喜欢。生活中，假象因为缺乏真实的基础而原形毕露，唯独有真实永远相伴。真实是一种客观事实，是事物的本质属性，是人们对于事物感知后的一种理性的思考。

当然，追求理想、完美的人生并不是错误，但前提条件是你必须踏实。抛去心中的烦躁，不要好高骛远，踏踏实实，一步一个脚印，领悟生活背后的真实，你才能领悟到生活的真谛，而生活的真谛就在于真实。许多人忽视了生活的可塑性、真实性，他们所谓的理想已经被极端化了，因为缺少了真实，生活便成为了一潭死水。

无论得失都请你懂得珍惜

孟子曰："鱼，我所欲也；熊掌，亦我所欲也。二者不可兼得，舍鱼而取熊掌也。生，我所欲也；义，亦我所欲也。二者不可得兼，舍生而取义也。"人生漫漫路上，我们总是面对着得与失的艰难抉择，得与失就如同一对生死兄弟，我们只能选择其一，有得必有失，有失必有得，这就是哲理所在。其实，在很多时候，我们没有必要去计较得失，只要你怀着一颗感恩的心，珍惜眼前的生活，那么，你将获得更多。

有人说："世间最珍贵的是'得不到'和'已失去'。"人们用尽了一辈子去验证这句话，可到了迟暮之年，他们才发现：原来，世间最珍贵的不是"得不到"和"已失去"，而是现在能把握的幸福。流年似水，人生苦短，世界上的许多人，固执地为了追求自己得不到或已经失去的东西，而放弃了眼前唾手可得的幸福，这是多么不值得啊！

有一个朋友，婚姻已经走过十个年头了，其间经过的磕磕绊绊、风风雨雨自然是不必提，多少次横眉冷对，多少次咬牙切齿，多少次都在怀疑能否并肩到最后。

有一次，夫妻两人在路上目睹了一场意外的车祸，由于货车司机疲劳驾驶，汽车冲进了路旁的山沟里，满车的货物碎成了一堆残片，而驾驶室里的三个人已经血肉模糊，甚至无法看清容颜。这起车祸发生了六个多小时后，死者的身份依旧无法确认。

忽然之间，夫妻俩有了醒悟：平日争吵的内容无外乎都是一些鸡毛蒜皮的小事，而造成的结果却是互相埋怨，甚至是恶毒的咒骂。见了如此惨景，难道不该庆幸自己还活着吗？不该庆幸自己有一个温馨的家庭吗？难道不应该互相珍惜吗？

从这以后，依然清贫的小家庭却充满了欢声笑语。

世事变幻莫测，祸福旦夕谁也无法预测，唯有珍惜眼前的幸福。如果你常常抱怨自己失去的太多，那么，不妨豁达一些，珍惜眼前，你就会发现，自己拥有的，并不比别人少。

人的幸福感永远都是在比较中存在的。似乎幸福通常是不易感觉到的，而我们感觉到的常常是不幸福。一个人可以健康地呼吸，他会认为这是最自然的事情，但是，如果忽然有一天，他生病了，才会明白自由的呼吸是一件多么幸福的事情。其实，他没有得到什么，也没有失去什么，但是，经历过之后往往会更懂得珍惜眼前的生活以及自己所拥有的一切。在生活中，我们拥有健康、自由、亲情、友情，这些都是极大的幸福，但是，我们在拥有它们的时候，并不知道珍惜。内心欲望的驱使，使得我们想获得更多的东西，其实，我们得到的已经很多，只是不懂得珍惜而已。

一个学生向苏格拉底请教，世界上什么东西最宝贵。苏格拉底没有直接回答，他领着他去访问了一个在河边晒太阳的人。年轻人向老人提出了同样的问题。老人颤颤巍巍地站了起来，羡慕地盯着年轻人容光焕发的脸庞说："在我看来，世间再没有什么东西比青春更宝贵了。瞧，你拥有青春多么好！可惜，青春对每个来说只有一次，我不可能再拥有它了！"

他们一路访问下去，那些拥有权力的人渴望友情，精神压抑的人渴望快乐，门庭若市的人渴望宁静……人们的回答尽管各不相同，但有一点却是很相似：那些最宝贵的东西，都是已经失去和即将失去的东西。

这时，苏格拉底说："孩子，世界上的许多东西其实都是十分宝贵的。当我们拥有它的时候浑然不觉，而一旦失去它，便感到它的宝贵了。所以，我们应该学会珍惜，珍惜我们所拥有的。"

学会珍惜，这四个看似简单的字组合在一起，却变成了一个意义涵广的话题。大海广阔无垠，因为它珍惜每一条小溪；群山连绵巍峨，因为它

珍惜每一块砾石；树枝繁叶茂，因为它珍惜每一缕阳光。人生在世，有许多需要珍惜的东西，但是，人们往往在拥有时不懂得珍惜，在失去之后，才会想到珍惜，但为时已晚。

朋友最喜欢木棉花，因为它有美好的话语——珍惜眼前的幸福。身患重病的人会觉得健康是一种幸福，骨肉分离的人会觉得合家团聚是一种幸福。许多在雨夜中赶路被淋得浑身湿透的人都有过这样的感受，当他走进一家亮着灯的小店铺时，一碗热汤给人的幸福感往往是刻骨铭心的。为什么一定要等到失去才学会珍惜呢？人生总有得失，我们需要学会珍惜。懂得珍惜，这样才会使我们的生活多几分美满，少几分遗憾，多几分幸福，少一些痛悔。

平淡才是真谛，快乐源自内心

在生活中，总是有很多人觉得不快乐。也许，他们已经很有钱，不愁吃不愁喝，不会再为了一件漂亮的衣服因囊中羞涩而犹豫；或许，他们已经事业有成，家庭幸福。但是，无一例外的，他们对人生都有了一个感悟：人生太平淡了，快乐不常在。

快乐是一种愉悦的精神感受与心理体验，诸如食物、居所、金钱、荣誉，都是人们追求快乐的手段，但这些并不是最终的目的。人们之所以追求那些东西，是因为它们具有带给人们快乐的属性或效用。而只有幸福、快乐才是人类追求的终极目的。人生如流水，有激流涌进，也有缓游平静；人生如曲，有高亢激昂，也有低迷消沉；有轰轰烈烈，也有平平淡淡。但是，在更多的时候，人生只是在平平静静中度过。人生难免平淡，而快乐与否全在于自己的内心。

有这样一个故事：

有一个牧师，在一个周六晚上正苦苦思索隔天礼拜的讲道内容时，他

五岁的小儿子在旁边不断地要求爸爸陪他玩。为了敷衍孩子，牧师拿出了一张印有世界地图的报纸，撕碎了并嘱咐儿子拼好粘起来，心想这样应该可以让孩子专心地玩一会儿了。

不料，十分钟之后，孩子兴高采烈地跑来说："我已经拼好了！"牧师十分惊讶，一个五岁的孩子怎么有认识世界地图的能力呢？只见孩子十分得意地说："很简单啊，地图的背面是一个人像，所以我就把纸翻过来，粘好了人像。"是啊！人对了，世界就对了。

人对了，世界就对了！这是一句多么精辟而富有哲理的话语啊。其实，这也是我们每个人在生活中应遵循的态度，只要你摆正了自己的态度，想不快乐都难。法国作家雨果曾说："思想可以使天堂变成地狱，也可以使地狱变成天堂。"在生活中，不可能诸事顺利，但可以事事尽心；或许，你不能左右天气，但你可以改变心情；你不能选择自己的相貌，但你可以展现灿烂的笑容。营造快乐生活的秘诀在于时时调整好自己的心态。

许多人抱怨生活太平淡、太单调，他们很羡慕那些所谓的成功人士。而那些成功人士却认为自己活得压抑、不洒脱，他们更羡慕平常人的生活。其实，无论我们是贫穷还是富有，都改变不了人生的际遇，只有快乐地活着才是一种好的心态。在平淡的人生中，我们要善于寻求生活中的快乐。

有两位年近70的老太太，一位认为到了这个年纪可算是人生的尽头，于是，她开始为自己料理后事。另一位却认为一个人能做什么事不在于年龄的大小，而在于怎么个想法。于是，后者在她70岁高龄之际开始登山，并以登山为乐，其中几座山还是世界有名的。而在最近，她以95岁高龄登上了日本的富士山，打破了攀登此山年龄最高的记录，她就是著名的胡达·克鲁斯太太。

谁说70岁的年纪就到了人生的尽头呢？谁说人生是平淡无奇的呢？胡达·克鲁斯老太太就抓住了人生的尾巴，追寻到了生活中的快乐。人生难免平淡，但是，它是可以多彩的。每个人都希望自己短暂的生命闪光发亮，都希望笼罩在自己上方的是一片绚丽的天空。或许，平凡的生活磨灭了内心的激情，消解了追寻快乐的愿望。但是，请不要消极对待生活，不要甘于平庸，与其在日后欷歔生活的平淡，不如抓住当前的生活瞬间，留

住激情，营造快乐的生活。

一个人应该有梦想、有激情，这样，他的生活才会充满无尽的快乐。没有激情的生活就如同没有放油盐的一碗清汤，没有味道，自然难以下咽。一个人在生命的各个阶段都应该为自己树立各种的追求，有着梦想的生活才是快乐的。对于人生中的任何精彩片段，我们都不应该轻易放过，而是要尽情去享受。我们要学会在平淡的生活中寻找快乐，要使自己平凡而有限的生命无比充盈。

怀感恩之心，才能走出低潮奔向成功

易卜生曾说："不因幸运而固步自封，不因厄运而一蹶不振。真正的强者，善于从顺境中找到阴影，从逆境中找到光亮，时时校准自己前进的方向。"如果生命中没有逆境，也就无法使一个人的才能与智慧获得增长。你想采摘玫瑰，就不要怕被刺扎破手指。人生不可能只有成功的喜悦而没有遭受挫折的痛苦，一个人在绝望的低潮中能看到希望，感恩世界，尝试新生，他就已经获得了一半的成功。

那些心怀感恩的人，他们视万物皆为恩赐。当心中充满了感恩之情的时候，世界才会变得美好无比，苦难才会变得不值一提。真正的人生就是要品味生活中的苦与乐，乐中有苦、苦中有乐，也只有这样，才会体会到生活的多滋多味、丰富多彩。当你对人生感到绝望时，试着将感恩的情绪融入生活中，这样，你的疲劳感就会相对大幅度减少，希望之火也会在你的心中越烧越旺。在面临人生低潮的时候，学会感恩，积蓄力量，在忍耐中等待高潮的来临，这就如同在大雨连绵数日之后，天空突然放晴，你的心情也会陡然好转一样。但是，如果没有那一段阴雨连绵的日子，你怎么会体会到天晴时的喜悦呢？

1967年夏天，美国跳水运动员乔妮·埃里克森在一次跳水事故中身负

重伤，导致全身瘫痪。事故发生之后，乔妮一直摆脱不了这个噩梦，无论身边的家人、朋友如何安慰，她总是认为命运对自己不公平。

曾经有一段时间，她陷入了深深的绝望，不吃东西，不说话，整天只是凝望着窗外的风景。朋友劝慰："乔妮，越是在这个时候，你越是要学会感恩。"她猛然醒悟过来，自己还活着，为什么不尝试着做一些事情呢？

她开始冷静地思考人生的意义和生命的价值，她借来了许多如何成材的书籍，开始认真阅读了起来。虽然，她双目健全，但读书还是很困难，只能靠嘴衔块小竹片去翻书，劳累、伤痛常常迫使她停下来。但片刻休息之后，她又咬牙坚持下去。最终领悟到生命的意义之后，她又想到了自己中学时喜欢画画。于是，她捡起了画笔，用嘴衔着，开始了练习。用嘴画画？许多人连听都没听过，那是一个多么艰辛的过程，但是，乔妮坚持住了。

许多年过去了，乔妮的一幅风景油画在一次画展展出后，获得了美术界的好评。后来，她又开始接触文学，写了一本自传《乔妮》，轰动了文坛，她成为了千千万万青年自强不息的榜样。

当人生陷入了低谷，乔妮并没有放弃自己，而是感恩自己还活着，依然可以做许多有意义的事。在这样坚强的信念下，她慢慢地积蓄力量，最终，迎来了人生一个又一个的成功。人不能一遇到困难就退缩，只有想办法去克服，才能获得最后的胜利。

查尔斯·詹姆士·福克斯对那些面对挫折从不灰心丧气的人，总是寄予厚望，他说："年轻人首次登台亮相就博得满堂喝彩当然不错，不过我更欣赏在失败后还能一再尝试的年轻人，这才是生活的强者，他们往往比首战告捷的人发展得更好。"人生难免有低谷，几乎每一个成功者都经历过低潮，只是他们懂得感恩，最终以坚强的意志战胜了挫折。在那些刚强坚韧者的眼中，挫折只是人生路上的一小块石头，只要慢慢积蓄力量，然后奋力一跃便会踏上成功的路途。

没有人会喜欢失败，但是，我们应该尽早学会面对失败，在陷入低潮的时候，学会以一颗感恩的心去面对。面对挫折，你有可能会失败，但你并没有失去坚强的意志。只有耐心等待，在等待中慢慢积蓄力量，

他日你必定会一鸣惊人。当别人嘲笑爱迪生失败几千次的时候，他笑着说，我已经知道几千次不成功的原因了，我离成功已经近了几千次了。学会感恩，尤其是当自己处在低潮的时候，这样，你才会积蓄力量，才有可能再次成功。

结好爱情之果，幸福终身相伴

爱情是一个古老而常新的人生话题，人们不惜用最美丽的语言来描绘爱情的永恒与不朽。爱情，它能给人带来精神上的激励、情绪上的欢愉、生活上的充实，没有爱情的人生是苍白的、消沉的，甚至是没有意义的。人生中不可缺少的东西太多，财富、健康、亲情、友情，当然，更不能缺少爱情。因为，绚丽的爱情之花，会给人生幸福增添无限的美好。

在人类的情感里，爱情是最美好的，人们歌颂爱情，赞美爱情。虽然有人为爱情而哭泣，有人为爱消得人憔悴，但是，“爱情”这个永恒的话题，却一直为世人津津乐道。人们曾用许多事物来比喻爱情的美好，有人说爱情像蜜汁一样甜美可口，有人说爱情像花儿一样栩栩如生，有人说爱情像高山一样雄壮伟大，有人说爱情像流水一样清澈纯净。也许这些比喻都无法形象地描述出爱情，因为爱情本身就是很抽象的，没有办法用语言描述，只能在享受它的时候慢慢地体味了。

有一天，一个男孩对一个女孩说：“如果我只有一碗粥，我会把一半给我的母亲，另一半给你。”小女孩喜欢上了小男孩，那一年，他12岁，她10岁。

过了10年，他们村子被洪水淹没了，他不停地救人，有老人，有孩子，有认识的，也有不认识的，唯独没有亲自去救她。当她被别人救出来之后，有人问他：“你既然喜欢她，为什么不救她？”他只是轻轻地说：“正是因为我爱他，我才先去救别人，她死了，我也不会独活。”在这一

年，他们结婚了，他22岁，她20岁。

后来，全国闹饥荒，他们家穷得揭不开锅，最后只剩下一点点面。她做了一碗汤面，他舍不得吃，让她吃；她也舍不得吃，让他吃。就这样你让我，我让你，三天后，那碗汤面发霉了。那一年，他42岁，她40岁。

因为祖父曾是地主，他受到了批斗。在那段岁月里，组织上让她与他划清界限。她说："我不知道谁是人民内部的敌人，但是我知道，他是好人，他爱我，我也爱他，这就足够了！"于是，她陪着他挨批、挂牌游行，在那段苦难的岁月里，他们承受了相同的命运。那一年，他52岁，她50岁。

许多年过去了，他们为了锻炼身体一起学习气功，每天早上，他们乘坐公共汽车去市中心的公园。每当车上有人给他们让座的时候，他们都不愿意坐下而让对方站着。于是，两个人靠在一起，手里抓着扶手，脸上带着满足的微笑，车上的人竟不由自主地全都站了起来。那一年，他72岁，她70岁。

她说："10年后，如果我们都已死了，我一定变成他，他一定变成我，然后他再来喝我送他的半碗粥！"

他们一起经历了70年的风尘岁月，这就是爱情。有时候，爱情就像是一壶好酒，珍藏越久就越有味，珍藏越久就越让人爱不释手。它又像咖啡，浓香中带着淡淡的苦涩，只有耐心的熬煮、细细地品味，你才能体会到那微微苦涩之后的一丝丝甘甜。爱情需要两个人相濡以沫，唯有如此，爱情才会绽放出绚丽的光彩。

楼下住着一对老夫妻，男的是退休的处级干部，女的是退休的主任医师。他们有两个孩子，一个是某局里的中层干部，一个在国外读书。

入秋的一个傍晚，邻居看见老妇人在翻晒萝卜，邻居觉得很奇怪，像这样的家庭，还用自己腌菜吃吗？于是，问道："张阿姨，你家还腌咸菜吗？"老妇人笑笑，回答说："老头就喜欢吃我做的萝卜咸菜，吃了一辈子都不腻。过去工作再忙，都要给他晾菜，现在退休了，有的是时间。"

林语堂曾说："爱一个人，从他的肚子起。"对那一对老夫妻来说，

爱有可能真的就落在了碗里，落在了咸菜上。总是有不少人渴望惊天动地的爱情，他们却难以体会到平凡生活中的爱。其实，并不是每一份爱情都是惊天动地的，那些实实在在、朴实无华的爱情将是另外一种境界。

人生不能缺少爱情，因为爱情可以带来强烈的幸福感。若是缺少了爱情，幸福便会少了甜美。爱情是人生的点缀，它就如同星夜苍穹中的烟花，绚丽无比，带给人们永恒的记忆。

欲孝从速，父母不会一直在原地等你

子曰：“父母在，不远游，游必有方。”年少时不懂得这句话的含义，还私下嘲笑：为什么总是要留在父母身边？小小年纪，就开始幻想着云游四方。长大后，带着这个梦想，我们迫不及待地离开了父母，殊不知，归期不可知。再读“父母在，不远游，游必有方”，方知其中的奥秘。

许多人背井离乡，远至海外，追求他们的梦想，追求事业有成，追求前途无量。他们总在想：等自己有了钱一定好好地孝敬父母，买了大房子一定接父母来住，忙过了这阵子一定回家看望父母……要知道，父母不会在原地等我们。也许，等自己有一天到了人生辉煌的时候，父母却早已离你而去了，我们心中只会留下“子欲养而亲不待”的遗憾。

一位前不久刚刚回国的朋友说：“在国外，经常看着朋友们国内国外来回奔波，有时是母亲病重，有时是父亲去世了。回来后，他们都会长吁短叹，后悔不已，嘴里总是说‘早知道……早知道……’这样的情况让我战栗不已，我开始也有了电话恐惧症，害怕听到父母的电话，担心他们的身体状况。”

最后，朋友选择了回国。他在城里上班，父母在离城不远的郊外居住，过着田园般的悠闲生活。他每天下班都回家吃饭，周末也待在家里陪父母聊天。有朋友抱怨：“你天天回家陪父母，和朋友们聚会都少了，一

直待在郊外多闷啊，跟我们出去玩玩吧，父母少陪两天也没事。”他却淡定地说：“父母老了，他们不会一直在原地等你，他们一辈子在等你，等你出生，等你长大，等你上学回家……现在等你下班回家吃饭，他们还有多少时间可以等呢？”

岁月不饶人，父母是不会在原地等我们的。我们在成长，父母却在慢慢地老去，诸如孝敬父母这些事情是等不得的。作为儿女，对父母最大的孝敬就是常回家看看。钱是挣不完的，工作也是做不完的，但我们与父母相聚的日子总是越来越少。父母不求儿女对他们有多大的贡献，只求常常看到儿女，能和儿女吃上一顿饭，说说话。

“孝”分为四个层面：养父母之身、养父母之心、养父母之志、养父母之慧。生活中，许多人对父母的“孝”还停留在第一个层面。人生有三件事不能等待：孝敬父母、行善积德、学习智慧。孝敬父母，其实就是关爱明天的自己，不要留下“子欲养而亲不在”的遗憾，及时行孝，莫等闲！

1998年诺贝尔化学奖获得者、美籍华人崔琦出生在河南农村，父母是大字不识的农民。但是，他的妈妈颇有远见，咬紧牙关省吃俭用，在崔琦12岁时将他送出村读书。但是，这一走，造成了崔琦与父母的永别。

后来，他成为了世界名人。杨澜曾在采访中问他：“你12岁那年，如果不外出读书，结果会怎么样？”在许多人看来，结果当然是他不会有今天的成就，也许现在还在河南种地。但是，崔琦的回答却大大出乎人们的意料，他说：“如果我不出来，三年困难时期我的父母就不会死。”顿时，崔琦后悔得泪流满面。

在崔琦拼搏奋斗的生涯中，他不止一次地想过自己的父母，也想过有一天会和父母相守在一起。如今，蓦然回首，父母却早已经离他而去，不管他自己的人生怎么辉煌，却终究无法弥补父母不在的遗憾。

父母从来不会埋怨任何一个子女，如同上帝不会降罪于他的子民一样。这是一种无私的爱，但是，我们千万不能因为这无私而让那份爱变得受之无愧、理所当然。在工作空闲的时候，不妨抽出时间给家里打个电话，回一趟老家或者父母所在的地方。趁着父母健在的时候，及时行孝，

并记住这样一句话："子欲孝而亲不在"。

勇敢地给自己一片危崖

那些刚刚走出校门的学生，多数都怀有远大的理想。但在社会上打拼几年之后，特别是那些没有较大发展的人，他们渐渐感受到衣食住行等实际需要的重要性，在获得了一个稳定的饭碗时，往往就会在时间的消耗中失去进取的锐气，无奈地接受了眼前的一切。

哲人说，最大的敌人是自己，人有时最难突破的，就是自身的局限性。很多时候，一个处于困境中的人往往比那些已经取得温饱的人更有作为。想迈开脚步大干一场，又不舍得抛开自己现有的温饱的保障，如此瞻前顾后，必定无所作为。

曾听一位教授讲过这样一个故事：

有一个小孩子，见一只蝙蝠掉在地上，挣扎了好大一会儿也没有飞起来，心里就开始纳闷儿了：奇怪呀，蝙蝠是非常灵巧的动物，怎么落到地上之后就飞不起来了呢？

带着这个疑惑，小孩子去找他父亲。父亲把他带到了一个山洞里面。只见山洞的洞顶和洞壁倒悬着无数的蝙蝠，就是没有一只栖落在地面上的。

见小孩子一副不解的样子，父亲就说：这是蝙蝠在给自己一片危崖。

蝙蝠为什么要给自己一片危崖呢？小孩子还是不解，它这样做岂不是让自己每时每刻都处在危险中了吗？

父亲笑着告诉他：蝙蝠一旦脱离了攀附的洞壁，就会直接摔掉在地上。为了避免坠落而亡，蝙蝠只有尽全力地扑打着翅膀，努力使自己向上、再向上，所以我们才看到了灵巧飞翔的蝙蝠……

可是，为什么蝙蝠掉到地上之后，就再也飞不起来了呢？

父亲接着解释道：蝙蝠一旦掉在了地上，就再也没有悬挂在洞壁时的那种生死攸关的感受了，也就不可能再尽全力地去飞了，而正是因为没有尽全力地去飞，所以它也永远飞不起来了！

给自己一片没有退路的悬崖，从某种意义上来说，正是给自己一个向生命高地发起冲锋的机会。当一个人处于后无退路的境地时，他才会集中力量奋勇向前，从生活中争到属于自己的天空。出路还没打探明白的时候，就先开始筹划退路，这势必会影响我们开拓新生活的冲劲，进三步退两步，很难有根本性地改变。

大陆私营企业领军人物、新希望集团总裁刘永好，曾是四川省机械厅干部学校讲师。在他还没有创业时，也是一个生活不是很富裕的人。后来，他与几位兄弟相继辞去公职，卖掉自己的自行车、手表等一切值钱的东西，凑足1000元人民币，到四川农村创业，办起良种场。

万事开头难，刘氏兄弟的第一笔生意差点就让良种场夭折。当时，资阳县一个专业户向他们预订了10万只良种鸡。由于种种原因，对方后来只要了2万只，剩下的8万只鸡没有着落。打听到成都有市场后，他们连夜动手编竹筐，此后四兄弟每日凌晨4点就动身，先蹬3个小时自行车，赶到20公里以外的集市，再用土喇叭扯起嗓子叫卖。等几千只鸡卖完，拖着疲惫的身子蹬车回家时，已是月朗星疏的夜晚了。这样，十几天下来，四兄弟个个掉了十几斤肉，但所幸的是8万只鸡总算全脱手了。

回顾这段经历，刘永好说，为了创业我投下了一切赌注，如果干不下去，我的公职、财产将一无所有，所以再苦再难，也要往前走。无论再艰辛，压力再大的事儿，只要沉下心来去做了，这一关总能挺过来。

在这个时代，墨守成规、缺乏勇气的人，迟早会被时代所抛弃。处处求稳，时时都给自己留有退路，这是一种看似安泰其实却充满潜在危机的生存方式。有退路的人可以随时回避艰险，所以很难保证他前进的决心，而把自己一切撤退的后路都封死，就等于封死了自己瞻前顾后的可能性，这就是干大事的人的气魄。美国的企业家协会信条中有这样一句话：

我是不会选择去做一个普通人的，如果能够做到的话，我有权成为一位不寻常的人，我寻找机会，但我不寻找安稳。

不管在世界的哪一个角落，那些曾经白手起家成功创业的人，血液里都有一种共同的“不安分因子”。切断退路，四处出击，这与中国人传统的“知足常乐”的行为准则不合，于是一些人对世事表现出一种不平的心态，他们既渴望成功，又害怕失败，偏爱坐而论道，却缺乏果敢的行动。

新经济时代，胆量决定财富，四平八稳不是富人的脾气，机遇面前，敢拼才会赢。我国优秀的企业家、福海实业股份有限公司的董事长罗忠福，是做服装生意起家的。刚开始的时候，他并没有自己的设计师和加工厂，在1983年的一次展销会上，他直接拿出海外亲属给他孩子的几件童装参销，意外地签了单，并且一签就是200多万元的订单。回去之后，那种兴奋和压力促使他马不停蹄地联系服装厂，很快就议定了童装的加工事宜。罗忠福在这次冒险中获得了巨大的成功。

山穷水尽的背水一战，常常是富人的必修课程，尽管他们清楚这种决断之后的道路会十分艰险，但是没有这一步，人生就是一潭死水，淹没的是一个人的挑战性和创造性。

当然，大部分人同样明白机遇往往是和风险相伴随的道理，只是在他们的理想之中，一直想寻找一个进可攻退可守的山头。事实上，抱着撤退的目的打仗的人，在气势上已先输了一半，最终也难逃随波逐流、混一口粗茶淡饭的命运。

第3章 拥有航向：靠心中的灯塔指引前行

心中有梦，犹如明灯。只要我们点亮了心中的那盏灯，我们的人生将会呈现出别样的精彩。心若在，梦就在，即使在茫茫的大海中，我们一样能寻找到前进的方向，因为梦能主宰人生的航向，心中的灯塔能指引我们继续前进。所以，带着希望，带着未完的梦想，带着生命给予的喜悦和磨难，点亮心中的明灯，走出失落，走出迷茫，驶向下一个彼岸。

正视自身缺点，重要的是把握自己的优势

生活中，我们都听过“让兔子去跑步，让鸭子去游泳”的说法。显而易见，每个人都是有自己的优势的，而更重要的一点是每个人都只有从自己的优势出发才能获得成功。成功心理学家马丁·塞利格曼在对成功心理的研究中得出这样一个结论：“成就和幸福的核心在于发挥你的优势，而不是纠正你的弱点，第一步就是识别你的优势。”一个人若想要主宰心的航向，就应该全面认识自己，既需要正视自身的缺点，又需要把握好自己的优势。一旦你没有能够清楚地认识自己，将会产生自负或自卑的心理，而这些负面心理将会影响你一生的发展。

事实上，每个人都是有缺点的，在这个世界上，并不存在十全十美的人。但是，某些人对于自己的缺点却总是想办法遮掩，害怕别人笑话。殊不知，这样做的后果反而会使人感到他虚伪、不真实，假意做作的行为会令所有的人想办法远离你。能主宰内心航向的人，他们总是能够坦然面对自己的缺点，不去掩饰，而是挑战自我，正视自己的缺点，从而赢得人们的尊敬。

琳达是一位电车车长的女儿，她从小就喜欢唱歌和表演，梦想着自己能够成为一名当红的好莱坞明星。然而，琳达长得并不算漂亮，她的嘴看起来很大，而且还有令人讨厌的龅牙。每次公开演唱，她都试图把上嘴唇拉下来盖住自己的牙齿。

有一次，她在新泽西州的一家夜总会演出，为了表演得更加完美，她在唱歌时努力拉下自己的上嘴唇来盖住那讨厌的龅牙，但是，结果却令自

已出尽洋相，那真是一次失败的演出。琳达看起来伤心极了，她觉得自己注定了要失败，她真的打算放弃自己当初的梦想了。

但是，正在这时，同在夜总会听歌的一位客人却认为琳达很有天分，他告诉琳达："我跟你说，我一直在看你的演唱，我知道你想掩盖的是什么，你觉得你的牙齿长得很难看。"琳达低下了头，觉得无地自容。可是，那个人继续说道："难道说长了龅牙就是罪大恶极吗？不要想去掩盖，张开你的嘴巴，观众看到你自己都不在乎，他们就会喜欢你的。再说，那些你想掩盖住的牙齿，说不定能给你带来好运呢。"琳达接受了男士的建议，努力让自己不再去注意牙齿。从那时候开始，琳达只要想到台下的观众，就张大了嘴巴，热情地歌唱，最终她成为了好莱坞当红的明星。

赛德兹说："你应庆幸自己是世上独一无二的，应该将自己的禀赋发挥出来。"歌星琳达的成功在于她能够正视自己的缺陷，而把握住自己的优势。无论是龅牙一样的缺憾，还是难以弥补的遗憾，都一样是我们生命中重要的组成部分，我们所需要做的就是正视自己的缺点，欣赏这如此真切的美丽。

有一天，国王来到花园散步，当他看到花园里的景象时，不禁大吃一惊。前些日子还绿意盎然的花园竟然变得十分荒凉，美色不在。揣着满腹疑团，国王询问了园丁："究竟发生了什么事情啊，怎么花园会变成这样？"

园丁叹息着说："我尊敬的国王啊！这是因为橡树认为它比不过松树的高大，所以死了；松树因为比不过葡萄能结果子，所以也死了；而葡萄因为不能像橡树一样直立，因此也死了；至于其他的植物花卉，也都是因为各有缺点而死去了。所以，花园终于因此而渐渐荒凉起来了。"听了园丁的话，国王陷入了沉思，一会儿，不经意抬头之际，他发现花园里的草地依然生机勃勃，不禁好奇地问园丁："为什么其他植物都枯死了，只有这一片草地依然绿意盎然呢？"园丁微笑着说道："这是因为小草们并不想成为松树、橡树、葡萄或者其他植物，它们知道自己的优势是什么，所以也只想做它们自己而已。有了这样的想法，它们自然就生机勃勃，绿意

盎然！”

每个人都想成为高大的树木，渴望矗立在高处俯瞰这个世界，但是，命运的捉弄却往往使我们成为一丛丛小草。或许，在许多人看来，小草该是多么卑贱，多么渺小，但是，即使是如此渺小的东西，也能凭借着自己的优势在酷寒的严冬绽放出不一样的美丽。

所谓的成功并不是有轰轰烈烈的事业或出人头地，而是要把握好自己的优势，尽展才华，这才是作为一个人的最大成功。我们不仅要坦然接纳自己的缺点，更要把握自己的优势，努力做到“不因缺点而自卑，不因碌碌无为而遗憾”，从而主宰好人生的航向。

拥有目标，不要在迷茫中沉沦

什么是目标？目标就是行为所需达到的目的，又是激发前进动机的外部条件刺激。心理学家认为，人们的社会行为往往是内在条件与外在条件相互作用的结果。动机要能引起行动，不仅需要内在条件，还需要有一定的外在条件或环境刺激，如此，才能激发动机。而目标就是这些外在的刺激，它是行为动机的诱因，它能较好地刺激人们为达到自己的目的而行动。而达成目标，则使人们的某种需要得到满足。比如，对于一个即将告别人世的人来说，哪怕是与儿子见最后一面，他也会无比满足。这样一个既定目标带来的心理作用会推迟他的死亡。简单地说，一旦我们心中确定了目标，就会朝着这个目标不断地前进，直到达成这个目标。

在生活中，许多人的悲哀是：“我不知道明天会怎么样。”这确实是人生最大的遗憾之一，因为“不知道明天会怎么样”的背后是一种迷茫中的沉沦，它将扼杀一个人的希望、信心和未来。一旦你陷入对未来的迷茫中，你便无法胸有成竹地向一个明确的目标迈进。那些所谓的“千里

马”为何一生碌碌无为？这并不是他们没有才华和能力，而是他们始终处于“迷茫”之中，他们只会埋怨“生不逢时”，或者抱怨“伯乐”有眼无珠，任自己的一生卧于马厩之中，无法驰骋于“疆场”。

某著名大学进行了一项非常著名的、关于目标对人生影响的跟踪调查，调查对象是一群智力、学历、环境等条件差不多的年轻人。通过调查发现：27%的人没有目标；60%的人目标模糊；10%的人有清晰但短期的目标；3%的人有清晰且长期的目标。

进行了长达25年的跟踪调查，发现那些被调查对象的生活状况以及成就有很大不同：那些占3%有清晰且长期目标的人，25年来几乎不曾更改过自己的人生目标，25年来他们一直朝着同一个方向努力。25年后，他们几乎成为了社会各界的顶尖成功人士，在他们当中有白手起家的创业者、行业领袖、社会精英；那些占10%有清晰但比较短期目标的人，在25年后，他们大多生活在社会的中上层，在他们身上有着共同的特点：那些短期目标不断被达成，生活状况稳步上升，成为了各行业不可缺少的专业人士，他们的职业大多是医生、律师、工程师等；而占60%的目标模糊的人，25年后他们大多生活在社会的中下层，他们能够安稳地生活与学习，但没有什么特别的成就；剩下27%没有目标的人，25年以来，他们几乎都生活在社会的最底层，而且，生活过得很不尽人如意，常常失业，需要靠社会救济，喜欢怨天尤人。

最后，这所大学得出这样的结论：“也许你现在与别人差距不大，那是因为你们都距离起跑线不远，而不是你比别人聪明，或者说上天眷顾你。你是属于那10%、60%还是剩下的部分，只有你自己最清楚。不过，希望你能努力成为那10%的目标清晰的人。”

或许，我们应该这样认为，一个人无论他现在多大年龄，其真正的人生之旅，是从设定目标的那一天开始的，之前的日子，只不过是在绕圈子而已。如果你想要获得成功，那么必须拥有一个清晰而明确的目标，因为目标是催人奋进的动力，目标是你前进路上的灯塔。

一场突如其来的风暴，让一位独自穿行大漠的旅行者迷失了方向，更可怕的是装干粮和水的背包也不见了。他翻遍了所有的衣袋，只找到了

一个泛青的苹果。他惊喜地喊道：“哦，我还有一个苹果。”他擦着那个苹果，艰难地在大漠里寻找着出路，可是，整整一个昼夜过去了，他仍然没有走出这茫茫的大漠。饥饿、干渴、疲惫，使得他好几次都觉得自己快支撑不住了，可是，看一眼手中的那个苹果，他抿了抿干裂的嘴唇，陡然又添了几分力量。他又开始了跋涉，心中不停地默念着：“我还有一个苹果，我还有一个苹果……”三天后，他终于走出了大漠，而那个始终未曾咬过一口的苹果，已经干枯得不成样子了。

一个没有目标的人就像是一艘没有舵的船，永远过着漂泊不定的生活，只会到达失望和沮丧的海滩。在人生的旅途中，我们常常会遭遇到各种困难与挫折，但是，请不要轻易地放弃，否则，你很容易陷入迷茫之中。其实，人生就如沙漠，而那苹果就是我们的信念与目标。在追求目标的过程中，遇到了困难要努力坚持，因为目标与信念可以战胜一切恐惧。在追寻目标的过程中，我们需要一次次坚定自己的目标，只有这样我们才能稳步前进，最后达到成功的彼岸。

调整航向，正确地努力胜于一味地蛮干

在人生的道路上，我们需要适时调整自己的航向，因为成功并不是一味地蛮干。在生活中，许多人谈到自己的目标，总是踌躇满志，但是，经过一番努力之后，他们却最终没能达到目标。究其原因，在于他们在追寻目标的过程中，没能调整好航向，只是一味地蛮干，结果，自然是无法达成既定目标。有时候，人生就像是行驶在茫茫大海中的一条船，或许，你知道你的目的地是彼岸，于是，你一个劲地往前冲，哪怕途中碰了礁石也绝不后退。结果，也许你根本到达不了彼岸。成功需要努力，但是，并不是一味地蛮干，而是需要正确地努力，就好像你在沙漠里需要一个指南针一样。

在西撒哈拉沙漠中，有一颗璀璨的明珠——比赛尔。每年，数以万计的旅游者会来到这里观光、游玩。可是，很早以前，这里只是一个封闭而落后的地方，这里的人从来没有走出过大漠。当然，他们并不是不愿意离开这块贫瘠的土地，而是由于他们尝试了许多次都没能走出去。

有一天，肯·莱文来到了比赛尔，他用手语问这里的人："你们为什么不走出大漠？"结果所有人的回答都一样：从这儿无论向哪个方向走，最后都还是回到出发的地方。肯·莱文不相信这种说法，他亲自做了一次试验，按照指南针的指示，从比赛尔一直向北走，结果花了三天半的时间就走出来了。肯·莱文很纳闷：为什么比赛尔人不能走出大漠呢？

为了知道原因，肯·莱文雇了一名叫阿古特尔的人带路，这位青年也从来没有走出过大漠。肯·莱文收起了指南针等现代设备，和阿古特尔一起走，看看到底会发生什么。他们带了半个月的水，牵了两头骆驼就出发了。很快，十天过去了，他们走了大约八百英里路程，于第十一天的早晨，他们果然又回到了比赛尔。肯·莱文终于明白了，比赛尔人之所以走不出大漠，是因为他们在大漠里没有调整方向，他们只会盲目行走。

肯·莱文离开比赛尔的时候，他告诉阿古特尔如何通过北斗星找到正确的方向，他说："只要你白天休息，夜晚朝着北面那颗星走，就能走出沙漠。"阿古特尔照着去做了，三天之后果然来到了大漠的边缘。

在生活中，许多人就如同比赛尔人一样，他们知道自己的目的是走出大沙漠，然而却没有一个人走出来，并不是因为他们不愿意离开那块贫瘠的土地，而是他们缺少正确努力的方向。试想，在一片荒芜的大沙漠里，若不及时调整航向，你很有可能会迷路，即使你用一辈子也可能走不出来。当然，如果你能明确自己的目标与方向，找准"北斗星"，那么，你一定能走出沙漠。

张三和李四同时受雇于一家店铺，拿同样的薪水。但一段时间过去了，张三青云直上，李四却原地踏步。李四想不通，老板为什么会如此厚此薄彼？

有一天，老板对李四说："你现在到集市上去一下，看看今天早上

有卖土豆的吗？”不一会儿，李四回来了，向老板汇报说：“只有一个农民拉了一车土豆在卖。”老板又问：“有多少？”李四没有回答，于是，又赶紧跑到集市上，然后回来告诉老板：“一共40袋土豆。”老板继续问道：“价格呢？”李四委屈地回答：“您没有让我打听价格。”

这时，老板把张三叫来，说道：“张三，你现在到集市上去看一下，看看今天早上有卖土豆的吗？”张三很快就从集市回来了，他向老板汇报说：“今天集市上只有一个农民卖土豆，一共40袋，价格是两毛五分钱一斤。我看了一下，这些土豆的质量很不错，价格也很便宜，于是顺便带回来一个让您看看。”张三一边从提包里拿出土豆，一边说：“我想这么便宜的土豆一定可以挣钱，根据我们以往的销量，40袋土豆在一个星期左右就能全部卖掉。而且，咱们全部买下来还可以适当优惠。所以，我把那个农民也带来了，他现在正在外面等着你回话呢。”

可能，我们都明白了为什么张三和李四有如此不同的待遇。李四只懂得蛮干，结果，却是费力不讨好。但是，聪明的张三却很懂得调整做事的方法，他更擅长观察、思考和总结，结果，两三下就把事情做完了。

人生跟做事一样，都需要适时调整航向。当我们知道前方有可能触礁的时候，就应该调整方向，以便能尽快到达彼岸。如果你一味地埋头拉车而不抬头看路，结果常常是原地踏步，甚至是南辕北辙。

不要埋怨不公，怨气只会阻碍路途

英国著名作家奥利弗·哥尔德斯密斯曾说：“与抱怨的嘴唇相比，你的行动是一位更好的布道师。”面对生活里的一丁点不如意，人们最普遍的习惯是埋怨，不停地埋怨：埋怨父母不理解，埋怨社会太现实，埋怨朋友的欺骗，埋怨上天的不公……于是，埋怨成为了一种习惯。然而，那些不如意的事情并没有真正得到解决，自己的情绪反而陷入了恶性循环，

结果心中的怨气反而阻碍了前进的道路。成功只会垂青那些积极主动的强者，只要你敢于担当，勇于接受来自生活的挑战，那么，任何艰难险阻都会变成坦途。真正的强者从来不埋怨，他们总是会把那些消极的想法从内心中扫除殆尽，让自己的内心充满阳光、充满希望。

从前，有一个年轻的农夫，他平日的工作就是划着小船，给另外一个村子的居民运送自家的农产品。那时正值酷暑难耐的季节，年轻的农夫汗流浃背、苦不堪言。为了尽快完成工作，他心急火燎地划着小船，以便在天黑之前能返回家中。突然，年轻的农夫发现，在前面有一只小船，沿河而下，迎面朝自己快速驶来，眼看着这两只船就要撞上了，但是，那只小船却丝毫没有避让的意思，似乎是有意想撞翻自己的小船。年轻的农夫心中顿时有了火气，大声对那只船吼道："让开，快点让开！你这个白痴！再不让开，你就要撞上我了！"但是，农夫的吼叫却完全不管用，那只船还是义无反顾地向自己驶来，尽管农夫手忙脚乱地为其让开水道，但为时已晚，那只小船还是重重地撞上了农夫的船。年轻的农夫被激怒了，他怒视对面的那只小船，但是，令他吃惊的是，那只小船上空无一人，而被自己大呼小叫责骂的只是一只挣脱了绳索、顺流而下的空船。

原来，再多的责骂、埋怨，也不能改变事情的发展方向，反而会阻碍你前进的路途。有人说埋怨是一种宣泄，可以维持心理平衡，似乎埋怨可以将那些不如意的事情发泄出来。但是，我们每天都可能会面对许多不如意的事情，如果只是一时的埋怨，还可以接受，但有时候，埋怨久了就会形成习惯，周而复始，情况却并未见得好转。

一个人来到这个世界上，面对生活中的诸多不如意，我们只有两个选择，要么接受，要么改变。抱怨成为了接受事实的一个阻碍，我们总是想到：这件事对我是不公平的，这样的事情怎么会发生在我的身上呢？我怎么能接受这样的事情呢？所以，一种强烈的倾诉欲望开始萌发："我要去向别人诉说，以此证明我的无辜和委屈。"于是，在我们埋怨不公的时候，我们已经失去了去改变这件事情的机会。那么，当我们无休止地埋怨的时候，有没有想过是否有比埋怨更好的解决方法呢？

从前，有一位年老的印度大师，他身边有一个喜欢埋怨的弟子。有一

天，印度大师让这个弟子去买盐，等到弟子回来后，大师吩咐这个喜欢埋怨的弟子抓一把盐放在一杯水中，然后喝掉那杯水，弟子按照师傅的吩咐一一做了，大师问道："味道如何？"呲牙咧嘴的弟子吐了口唾沫，说道："咸！"

大师一句话没说，又吩咐弟子把剩下的盐都撒到附近的一个湖里，听从师傅的吩咐，弟子将盐倒进湖里。大师说："你再尝尝湖水。"弟子用手捧了一口湖水，尝了尝，大师问道："什么味道？"弟子回答说："味道很新鲜。"大师继续追问："那你尝到咸味了吗？"弟子回答说："没有。"这时，大师才微微一笑，说道："其实，生活中的痛苦就像盐一样，不多，也不少。在生活中，我们所遇到的痛苦就这么多，但是，我们体验到的痛苦的程度却取决于将它放到多么大的容器里。所以，面对生活中的不如意，不要成为一个杯子，老是埋怨，而是成为湖泊，去包容它，通过实际行动来改变自己的现状。"弟子若有所悟地点点头。

罗斯福说："未经你的许可，没有任何人能够伤害你。"有的人自己办不了事情，别人办了漂亮事，他还会到处埋怨："其实我是很有能力的"、"他凭什么就能得到上司的重用啊"、"这件事我会比他做得更好，可上司偏偏不找我嘛"……但是，真正的原因呢，却是自己没有能力，所以心中才充满了怨气。真正的强者，他所致力的是如何解决问题，如何完成这件事情，而不是去埋怨上天的不公。所以，强者最后会在努力中赢得成功，而无能的人只能在埋怨声中销声匿迹。

没有一如既往的顺利，只有磕磕绊绊的成功

人生从来不可能一帆风顺，因为各种挫折、困难都会出现在我们的人生里。在这个世界上，没有一如既往的顺利，只有磕磕绊绊的成功。在前

进的路途中，暴风雨总会不期而至，而只有把握好船舵才能到达成功的彼岸。所谓“宝剑锋从磨砺出，梅花香自苦寒来”，人生其实就是一个不断磨励自己的过程。只有不断地从失败中汲取经验教训，不断让自己成长，你才能取得最后的成功。人也只有在坎坷中才能不断地去完善自我，充实自我，才能更好地主宰自己的人生方向。人生没有永远的成功，只有在挫折中站起来才是真正的成功。

有人说：“每个人都没有你想象中那么幸福，而成功的人，更有你想象不到的痛苦的经历。”不经历风雨，怎么能见彩虹，没有人能随随便便成功。其实，世间万事皆是如此，如果你想成功，你就必须要比别人吃更多的苦，付出更多的努力。“一份付出一份收获，未必；九份付出一份收获，一定”，为了自己心中的目标，你就要加倍地努力。成功是属于那些勇于付出、甘于吃苦的人的。当你在享受生活的时候，未来的成功者却在痛苦地挣扎着，这就是平庸者与成功者的区别。

小时候，妈妈总是这样说：“你能做到，玫琳凯，你一定能做到。”对于每一位年轻人来说，最为重要的是懂得“你不可能每件事都能成功”。在失败的时候，母亲总是鼓励玫琳凯展望未来：“你绝不可能每一次都是最棒的，接受失败，学会如何从失败中吸取教训，你才能继续前进。”“面对失败，不要生气”。玫琳凯女士不仅将这句话作为自己的座右铭，而且将这句话作为公司的理念来激励更多未来的女性。玫琳凯坦言，自己想创建公司是在遇到了挫折之后才真正开始的。

玫琳凯说：“我建立公司的初衷是想让所有女性都能够获得她们所期望的成功，这扇门能为那些愿意付出并有勇气实现梦想的女性带来无限的机会。”然而，在创业之初，她就经历了失败，玫琳凯用5000美元建立了“美梦公司”，自己包装产品，贴标签，在标签上写着：“玫琳凯化妆品。”但是，就在公司开张一个月的时候，丈夫因心脏病发作不幸去世，同时，律师警告她，经营化妆品公司的失败率极高。但是，玫琳凯仍决定再试一次。一路走来，她也走了不少弯路，但是，玫琳凯从来不灰心、不泄气。

有一句很受玫琳凯推崇的话是：“失败一次，就向成功靠近一步。”

那些成功者绝不会害怕人生中面临的失败，从来不畏惧尝试再次成功。玫琳凯经常对公司员工说："如果比较一下我们的双膝，你们会看到我膝上的伤疤比在场的任何一个人都要多，这是因为我一生中有过无数次摔倒再站起来的经历。"其实，把人生的每一次失败都当做是尝试，不要总想着顺顺利利地成功，不要埋怨，接受每一次失败，并从中吸取教训，这样我们才会在成功的路上走得更远。

威廉、约克和李维相约去美国旧金山淘金，当他们达到目的地以后，却发现了现实远没有想象中的美好。在当地，比金子更多的是淘金者。面对这样的情况，三人都感到很失望，不知道该怎么办？

威廉满腹失望，但是却不甘心，既然来到了旧金山，只有去寻找金子才是正确选择，于是，他决定还是去淘金。几年过去了，他依然过着劳苦而贫困的生活。约克对淘金已经没有太大兴趣了，他暂时打消了淘金的念头，想在当地另谋生路。后来，他发现了废弃在沙土中的银，开始了自己的冶银事业，几年过去了，他成为了当地的富翁。李维与约克一样，他觉得淘金虽然有可能成功，但是，面对着比金子还多的淘金者，他预感到做一个淘金的工人似乎并不是理智的选择。等到平静下来之后，李维想到了自己的手艺，他决定卖耐磨的帆布裤，经过加工改造，制成了牛仔裤。后来，李维还创立了世界名牌levi’s。

通过这个故事，我们看到了两种不同的心路历程：威廉依然做着淘金的美梦，而约克和李维则是选择了另外的出路，他们深知现实远没有想象中的那么美好，而金子也不会在原地等他们，而是需要自己努力。在美国旧金山淘金热风靡一时的时候，相信许多人都做着发财的美梦，但是，是否真的能挖到金子呢？

在这个世界上，从来都不会有"天上掉馅饼"的美事。生活中，多少人梦想着一夜致富或一夜成名，但是，那不过是痴人说梦，不努力又怎么会有所获得呢？相反，那些真正富有、成名的人，在他们光鲜的背后定有着不为人知的艰辛付出。要知道，成功的道路从来都不是平坦的，而是坎坎坷坷、布满荆棘的，而成功唯一的途径就是披荆斩棘、勇往直前。

心中有梦，随时为自己加油

大屏幕上一次次的颁奖，令人心动不已，谁都想走一次红地毯，谁都想触碰奖杯的荣誉，人生若得此殊荣，自然是一种幸运，一种辉煌。但是，如此巨大的荣誉和成功却不是每个人都能得到的。生活中的我们如此平凡，但是，请不要忘记为自己加油喝彩。美国的一位心理学家曾说："不会赞美自己的成功，人就激发不起向上的欲望。"随时为自己加油往往能带给自己欢乐和信心。当你的信心增强了，又会鼓励你获得更大的成就，与此同时，你的自信心将会进一步增强。然而在现实生活中，有的人对自己缺乏信心，却总是期望得到别人的掌声。对于这样的情况，一位成功者说："别在乎别人对你的评价；否则，它会成为你的包袱，我从不害怕得不到别人的喝彩，因为我会随时为自己鼓掌。"在人生的旅途中，我们要保持清醒，随时为自己的壮志加油喝彩！

生活中有许多困难与挫折，面对这些困境，许多人总是不由自主地说"我不能……"在这样一种心理的影响下，他们不敢正视现实中的挑战，对自己缺乏信心，最后导致自己的潜力没有得到充分的发挥。其实，许多人之所以不能成功，原因在于：缺乏自信，总是被"我不能"所左右。所以，不妨试着把"我不能"埋在地下，相信自己，为自己加油鼓劲，用积极乐观的心态来面对一切，这样所有的难题才会迎刃而解。

有一天，贝勒夫人给学生们带来了很特别的一节课。开始上课了，贝勒夫人首先让学生们在纸上写出自己不能做到的事情，一个10岁的女孩子这样写道："我无法完整地背出太长的课文"、"我不会骑脚踏车"、"我不知道怎样才能让别人喜欢我"……虽然她已经写了半张纸，却丝毫没有停下来的意思，仍认真地写着。贝勒夫人也忙着写自己不能做到的事情："我不知道如何让孩子的家长都来"、"我不知道怎样帮助玛丽提高她对数学的兴趣"等。过了10多分钟，许多学生都已经写满了一张纸，有

的学生已经打开了第二张纸，不过，贝勒夫人及时制止了这一行为："同学们，写完一张就行了，不要再写了。"学生们按着贝勒夫人的指示，把那些写满"不可能做到的事情"的纸对折，然后按顺序来到讲台上，把纸放进一个空的盒子里。

等所有的纸条都放进去以后，贝勒夫人把自己的纸也放了进去。然后，她将盒子盖上，夹在腋下领着学生走出了教室。路过杂物室的时候，贝勒夫人找了一把铁锹，他们来到了运动场，她挑选了一个最边远的角落，开始挖坑。10分钟后，坑挖好了，贝勒夫人吩咐学生将那个鞋盒埋在"墓穴"里，贝勒夫人神情严肃地说："孩子们，现在请你们手拉着手，低下头，我们准备默哀，朋友们，今天我很荣幸能够邀请到你们前来参加'我不能'先生的'葬礼'，'我不能'先生在世的时候，曾经与我们朝夕相处……您的名字几乎每天都要出现在各种场合，当然，这对于我们来说是非常不幸的……我们更希望您的兄弟姐妹'我可以'、'我愿意'、'我立即就去做'等能够继承您的事业……愿'我不能'先生安息吧，也祝愿我们每一个人都能够振奋精神，勇往直前！阿门！"

接着，贝勒夫人带着学生们回到了教室，还举办了一个庆祝活动。贝勒夫人用纸剪成了一个墓碑，上面写着"我不能"，中间则写上"安息吧"，下面还标明了日期。贝勒夫人将这个纸墓碑挂在了教室中，每当有学生无意中说"我不能"的时候，贝勒夫人就会指着这个纸墓碑，学生们便会想起"我不能"先生已经死了，进而想出解决问题的办法。

永远不要让"我不能"禁锢自己的手脚，要对自己充满信心，随时为自己加油，勇敢地向前迈一步，坚持到底，那么，"不可能"就变成了"一切皆有可能"。不可否认，为自己加油是找回自信的最佳途径。不断地为自己加油，告诉自己"我一定能行"，通过肯定自己来不断地增强奋力向前的信心，从而获得成功。

无论是生活中还是工作中，我们都难免会遭遇到坎坷、曲折、磨难，这时，我们会感到痛苦、迷茫；但是，这些都不是最可怕的，可怕的是自己先否定了自己，自己摧毁了自己。所以，在这关键时刻，更需要相信自己，为自己加油，要坚信命运的钥匙永远掌握在自己的手中。栽了跟头，

应该立即爬起来，为自己鼓劲，为自己喊声“加油！”；当我们取得一次小成就的时候，应该对自己说“我真棒！”；当困难来临的时候，记得给自己打气，对自己说“我一定能行！”。那些能为自己加油、喝彩的人，一定会是生活中的强者。

拒绝拖延心理，让自己充满干劲儿

明朝名士文嘉曾写过《今日歌》：“今日复今日，今日何其少，今日又不为，此事何时了？人生百年几今日，今日不为真可惜！若言姑待明朝至，明朝还有明朝事。为君聊赋《今日诗》，努力请从今日始。”人生中没有比今天更重要的日子了，生活在今天，做好今天的事，抓住现在，每天进步一点点，你就离成功又近了一步。

有人说世界上的人分别属于两种类型。成功的人都很主动，我们叫他“积极主动的人”;那些庸庸碌碌的普通人都很被动，我们叫他“被动的人”。仔细研究这两种人的行为，可以得出一个成功原理：积极主动的人都是不断做事的人，他真的去做，直到完成为止。被动的人都是不做事的人，他会找借口拖延，直到最后这件事被证明“不应该做”、“没有能力去做”或“已经来不及了”为止。

传说有一种小鸟，叫寒号鸟。这种鸟与其他鸟不同，它长着四只脚，不会像一般的鸟那样飞行。冬天的时候，它只有两只光秃秃的翅膀。夏天的时候，寒号鸟则全身长满了绚丽的羽毛，样子十分美丽。寒号鸟骄傲得不得了，觉得自己是天底下最漂亮的鸟了，连凤凰也不能同自己相比。于是它整天摇晃着羽毛，到处走来走去，还扬扬得意地唱着：“凤凰不如我！凤凰不如我！”

夏天过去了，秋天到来了，鸟们都各自忙开了，有的开始结伴飞到南方，准备在那里度过一个温暖的冬天；有的留下来，整天辛勤忙碌，储备

食物啦，修理窝巢啦，做好过冬的准备工作。只有寒号鸟，既没有飞到南方去的本领，又不愿辛勤劳动，仍然是整日东游西荡的，还一个劲地到处炫耀自己身上漂亮的羽毛。

冬天终于来了，天气寒冷极了，鸟们都回到自己温暖的窝巢里。这时的寒号鸟，身上漂亮的羽毛都脱落光了。夜间，它躲在石缝里，冻得浑身直哆嗦，它不停地叫着："好冷啊，好冷啊，等到天亮了就造个窝啊！"等到天亮后，太阳出来了，温暖的阳光一照，寒号鸟又忘记了夜晚的寒冷，于是它又不停地唱着："得过且过！得过且过！太阳下面暖和！太阳下面暖和！"

寒号鸟就这样一天天地混着，过一天是一天，一直没能给自己造个窝。最后，它没能混过寒冷的冬天，终于冻死在岩石缝里了。

这个寓言故事同样说明了，拖延就是对我们宝贵生命的一种无端浪费。由此可见，拖延的坏毛病是绝对要不得的！而实际生活中，每天还是有很多人在浪费着自己的生命。伍迪·艾伦说过："生活中90%的时间只是在混日子。大多数人的生活只停留在了为吃饭而吃，为搭公车而搭，为工作而工作，为回家而回家。他们从一个地方逛到另一个地方，使本来应该尽快做完的事情一拖再拖。"的确，在做事的过程中，各种事由造成的拖延的消极心态，就像瘟疫一样毒害着我们的灵魂，影响和消磨着我们的意志和进取心，阻碍了我们正常潜能的发挥，到头来一事无成，终生后悔。

如果你想成功或成为你理想中的人，有一种说法是这样的：播下一种行动，你将收获一种习惯；播下一种习惯，你将收获一种性格；播下一种性格，你将收获一种成功。因为建功立业的秘诀就是：绝不拖延，立即行动！光"说"不"练"肯定不行，这就要求我们平时就要养成立即行动的好习惯。

说一尺不如行一寸。只有行动才能缩短自己与目标之间的距离，只有行动才能把理想变为现实。行动是治愈恐惧的良药，而犹豫、拖延将不断滋养恐惧。成功的人都把少说话、多做事奉为行动的准则，通过脚踏实地的行动达成内心的愿望。对此，你需要做到如下几点：

1. 给自己树立一个目标

没有目标的人就像一只无头的苍蝇，这也是导致行动拖延的最根本原因。而一个有目标的人永远不会担心在浪费时间，因为他会为自己的目标而狂热。当然，这一目标必须具备可实施性，否则，一旦目标是空洞的，你就会陷入一种更为严重的焦虑之中。

2. 快乐—痛苦法

生活中，太多的故事都揭示了拖延是如何如何酿成失败的苦果的——它会像癌细胞一样逐步扩散，直至吞噬整个生命。你每次拖延所产生的负面能量会一点一滴地积累起来，最后，和持续改善一样，它会一点一点蚕食你的自信、自尊、自爱，最终使你彻底崩溃。

实际上，方法只是一种帮助你消除拖延的辅助手段，最主要的还是你的思想和态度。只要你端正态度，让绝不拖延深入内心，即便没有任何方法，你也能消除拖延。选择权掌握在你手中！

第4章 调味心灵：将快乐的清泉注入心田

人生道路有平坦，有坎坷；有成功，有失意。在生活中，有那么多不确定的因素，我们随时都有可能会被突如其来的变化扰乱心情。其实，生活越是令人焦虑，就越是需要善待内心。与其随波逐流，不如有意识地培养一些能让自己快乐的习惯，帮助自己调整心情，将快乐的清泉注入心田。

降低快乐的底线，让它成为一种习惯

什么是快乐？史铁生曾这样写道："生病的经验就是一步步懂得满足。发烧了，才知道不发烧的日子多么清爽。咳嗽了，才体会到不咳嗽的嗓子多么舒服；刚坐上轮椅时，我老想，不能直立行走岂不把人的特点搞丢了？便觉得天昏地暗，等又生出褥疮，一连数日只能歪七扭八地躺着，才看见端坐的日子其实多么晴朗。后来又患尿毒症，经常昏昏然不能思想，就更加怀念往日时光。终于醒悟：其实每时每刻我们都是幸运的，任何灾难面前都可能再加上一个'更'字。"

或许，快乐就是这样简单，如史铁生所形容的那般"不发烧、不咳嗽、能走路、能好好地端坐着"，就是快乐。当然，我们可以理解他一定是吃尽了"疾病"的苦头，才会把快乐的底线定得如此之低。事实上，快乐本来就是那么简单，它的底线就是如此低，为什么我们还没有养成快乐的习惯呢？在很多时候，我们总是认为生活给予自己的不够多，不自觉地提高了快乐的底线。但是，当我们真正意识到什么是快乐的时候，生活留给我们享受快乐的时间却是少之又少了。让快乐成为一种习惯，降低快乐的底线，你就会发现，快乐就在触手可及的地方。

在辅导班里，有一位60岁的教授，他谈吐幽默风趣，专业知识精深。但是，给学生印象最深的却是他每一次进教室都精神饱满、面带笑容，而且，每次都还会带上一束花放在教室的花瓶里，虽然每一次带来的花都不一样，但都一样鲜艳美丽。学生都不禁会产生这样的疑问：教授为什么总是如此快乐，难道生活就没有什么不顺心的事情吗？

课程结束之后，一位学生向教授表达了自己的感激之情，同时，提出了一直存在于心中的疑问。头发花白的教授笑了笑，说：“其实，我只是把快乐的感觉当成了一种习惯。前几年，老伴在一次车祸中走了，孩子又在外地工作，我一个人在家里很孤单，本来我已经退休了，但我还想继续执教，教师这份职业让我感到快乐。在工作之余，我最喜欢养花，我家的院子里一年四季都有花香，我把这些花送给了朋友、邻居以及喜欢这些花的陌生人。我每次带来的花都是自己种的，既能给别人带去快乐，也能让自己感到很快乐。”闻着那些花香，学生感到快乐正在自己的发梢跳动。

其实，快乐只是一种感觉，我们每个人都有拥有享受快乐的权利。在生活中，我们常常会感到悲伤、烦闷，总是认为快乐是一种奢侈品，难以奢求。事实上，我们完全可以让快乐成为一种习惯，习惯是积累养成的，而我们有养成快乐的力量，因为我们可以自己选择快乐还是不快乐。快乐的人每天都对自己说：“今天的天气真好，一切都会顺利的。”而不快乐的人则会说：“今天一切又不会顺利。”有时候，快乐对于我们来说只是一种选择，谁也带不走你的快乐，只有你自己。

约翰是一名律师，在纽约一家知名的大公司上班，很快将成为公司的股东之一。坐在自己的高级公寓里，可以把中央公园的美景一览无余。约翰非常努力地工作着，一周的上班时间至少达到了60个小时。每天早上，他都挣扎着起床，拖着疲惫的身体来到办公室，参加会议，会见客户，这些烦琐的工作占据了他的每一天。对此，他感到自己已经远离快乐很久了。

有人问他：“在一个理想的世界里还想做什么？”约翰回答：“我最想去一家画廊工作。”那人继续问道：“难道你现在找不到这样的工作吗？”“不是的，但如果在画廊工作，收入将会少很多，生活水平也会下降，我虽然对律师很反感，但没有其他选择。”

约翰将快乐生活定义为：高收入和较高的生活水平。甚至，他觉得放弃自己梦想中的职业是因为“没有选择”。现在，我们应该明白约翰为什么感觉不到快乐了。他总是被一个自己不喜欢的工作所捆绑着，所以，他每天都感觉不到快乐。在生活中，估计有一半以上的人对自己的工作并不满意。但是，他们之所以会感到不开心，并不是因为他们别无选择，而是

他们提高了快乐的底线，错误地将物质与财富认为是“快乐”。

让快乐成为自己的一种习惯，我们不需要太多的寻寻觅觅，不需要太多的权衡，只需要放下心中太多的欲望，给自己的快乐画一条最浅的底线。这样，你就会发现，生活中的快乐会越来越多，你会感到每一天都是富足而充实的。

不能守株待兔，快乐需要积极自取

如今是一个焦虑的年代，几乎所有的人都迫不及待地等待快乐的降临。但是，却有人说：“如果我们感到可怜，很可能会一直感到可怜。”在生活中，许多人总是感觉自己不快乐，他们常常感叹：“我连快乐的影子都没发现。”对于快乐，他们一直守株待兔，总希望快乐能自己回到他们身边。然而，快乐并不是等待而来的，是需要积极寻找的。不要特意停下脚步等待快乐，也不要随意转身寻找快乐，因为快乐就在不远处。或许，只是不经意地抬头，你就会发现快乐正在前方向你招手、向你微笑。

美国畅销书《如何快乐》的作者、心理学博士凯伦·撒尔玛索恩女士说：“我们的生活中有太多不确定的因素，你随时可能会被突如其来的变化扰乱心情。与其随波逐流，不如有意识地培养一些让你快乐的习惯，随时帮助自己调整心情。”简单地说，在更多的时候，快乐是一种生活态度，更是一种生活习惯。当然，快乐是自取的，因为快乐来自于我们的内心。快乐就是做每一件自己喜欢的事情，比如奔跑着，那喘出的气和流出的汗水就是快乐的源头。只要你有一颗寻找快乐的心，便每时每刻都是快乐的。

有一位富商在临终前，对自己的四个未成年的儿子说：“你们去给我捉几只蜻蜓来吧，我已经好多年没见过蜻蜓了。”

不一会儿，大儿子就带了一只蜻蜓回来。富商问道：“怎么这么快就捉了一只？”大儿子回答说：“我用你给我的遥控赛车换的。”

又过了一会儿，二儿子也回来了，他带回了两只蜻蜓，富商问道："你怎么这么快就捉住了两只蜻蜓呢？"二儿子回答说："我把你送给我的遥控赛车以三元钱的价格卖给了一个小朋友，然后用两元钱买了两只蜻蜓，我还剩下一元钱呢。"

过了不久，三儿子也回来了，他居然带回了十只蜻蜓，富商问道："你怎么捉那么多的蜻蜓？"三儿子回答说："我把你送给我的遥控赛车在广场上租给其他的小朋友玩，而租金是一只蜻蜓可以玩赛车一天，不一会儿我就收到了十个小朋友的蜻蜓。"

最后回来的是小儿子，只见他满头大汗，两手空空，衣服上也沾满了灰尘。富商问道："孩子，你怎么搞成这个样子？"小儿子回答说："我捉了半天，也没捉到一只，就在地上玩赛车，我希望赛车能撞上一只蜻蜓，但是，没想到运气却很差，没有撞到一只蜻蜓。"

富商笑了，满眼都是泪，他摸着小儿子的头，把他搂在了怀里。第二天，富商死了。孩子们在床头发现了一张小纸条，上面写着这样一句话："孩子，我并不需要蜻蜓，我是希望你们今后能积极寻找人生的快乐，正如你们捉蜻蜓时的那种乐趣。"

著名作曲家刘炽曾说："做人，快乐是最要紧的，但快乐是自己去寻找的，我们不是缺少快乐而是缺少对快乐的发现和感受。"富商的四个儿子都在寻找快乐，但是，谁也没能体会得到快乐的真正含义。他们误以为抓住蜻蜓就是快乐，殊不知，真正的快乐是需要用心去感受的。

日本学者五木宽之曾说："为了让自己成为一个快乐的人，我决定每天寻找一件令自己快乐的事，哪怕它一闪即逝也没关系，把它记在我的记事本上……"

刚开始的时候，他每天很难找到一件让自己觉得快乐的事，后来，情况改善了。他说："例如，今天早上搭电车的时候，我幸运地坐在一个靠窗的位置，看着窗外飞逝而过的美丽风景，觉得相当开心！"

有时候，快乐就是如此简单，简单到我们忽略了它的存在。可以说，快乐是无处不在的，但是，它却不是守株待兔就能得到的，而是需要你用心地寻找。

普希金说："假如生活欺骗了你，不要忧郁，也不要愤慨！不顺心时暂且克制自己，相信吧，快乐之日就会到来。"快乐到底离我们有多远？其实，快乐就隐藏在你我生活中的每一件小事中。善待自己的内心，你能使自己痛苦，同样也能使自己快乐，因为你才是生活的主宰者。

目光太短浅，所以才会痛苦消极

一个小女孩趴在窗台上，看窗外的人正在埋葬她心爱的小狗，不禁泪流满面、悲痛不已。外公见状，连忙引她到另外一个窗口，让她欣赏他的玫瑰园。果然，小女孩的心情顿时明朗起来。老人托起外孙女的下巴，慈祥地说："孩子，你开错了窗。"

其实，生活就像是硬币的两面，一面是快乐，一面是悲伤。但是在生活中，因为眼界太狭窄或目光太短浅，我们也常常像小女孩一样开错了窗，看到那悲伤的一幕便情绪低落、精神委靡。然而，如果我们能开阔眼界，以积极的心态试着打开另一扇窗户，换一个角度看问题，或许，我们会看见如画的美丽风景。很多时候，我们感到痛苦消极，那是因为我们目光太短浅了。我们只专注于眼前，而忽略了长远的打算，于是，总是为着失去的东西而痛苦不堪。

在每年的七八月份，北极地区的冰雪开始大面积融化，气温也逐渐回升，出现了短暂的春天景象，十分美丽。但是，随着气温的升高，也开始出现了大量的蚊虫。另外由于当地物种稀少，那些饥饿的蚊虫就会飞到人们聚居的地方，吸食人们的血液来维持自己的生命。让人诧异的是，当地的居民却对此感到很快乐，他们对这些嗡嗡乱叫的蚊虫十分仁慈，从来不轻易伤害它们。有的游客拿出杀虫剂喷洒，还会被当地居民所制止。

这是为什么呢？

原来，一种被称之为驯鹿的动物是当地居民过冬的主要肉类食物来

源。可是，在天气比较暖和的时候，大批的驯鹿会自发成群结队地向低纬地区迁移，因为那里有大量的水草，如果没有人驱赶它们，它们就不愿意在严寒到来的时候准时回来。但是，在北极地区，如果想靠人力来驱赶，是根本不可能的事情。这时候，那些讨人厌的蚊虫就发挥了它们的威力，天气开始降温时，蚊虫就会飞往低纬地区逃命，自然会与驯鹿不期而遇。那些吸食血液的蚊虫是驯鹿无法抵御的天敌，加之低纬地区的气候已不适宜生存，那些驯鹿走投无路之下只能往回走。这一跑，正好钻进了人们事先设计好的陷阱里。为了报答蚊虫驱赶驯鹿、为人们带来过冬食物之恩，人们对蚊虫十分仁慈。而蚊虫也将年复一年地为他们驱赶驯鹿。

聪明的北极居民掌握了自然界万物相生相克的规律，所以甘愿忍受蚊虫吸食的痛苦，来求得长远的生存。在他们看来，眼前的得失并不需要挂在心上，也不需要为此感到痛苦，而那些长远的考虑才是智者的生存之道。所以，在那些被蚊虫吸食的痛苦日子里，当地居民并没有过多的埋怨，而是保持着一份乐观豁达的胸怀，甚至他们快乐地欢迎蚊虫的到来，因为他们知道有了蚊虫的存在，这个冬天就不用愁食物了。

在上帝看来，一个生命的消逝是另一个永恒的开始。狂风之后，一棵老树轰然倒下，多少人叹息老树生命结束的同时，不由自主地感叹自己的命运。但是，如果你换个角度，用长远的眼光看，就会发现一棵幼苗会在它倒下的地方重新生根发芽，新的生命才刚刚开始。今年的无边落木是为了明年的花红满树、桃李芬芳。这样想来，是否会觉得快乐许多呢？

有个人在一次车祸中不幸失去了双腿，当所有人都对他的厄运表示同情、对他的未来充满担忧时，他则积极地为自己寻找着新的出路。

在他的脸上没有看到痛苦，更没有看到绝望。周围的人很是好奇，对于一个失去双腿的人来说，生活已经没有了色彩。

但他却笑着说道："这事确实很糟糕。但是，我却保留下了性命，并且我可以通过这件事认识到，原来活着是多么美好的一件事情——我失去的只是双腿，却得到了比以前更加珍贵的生命。"

虽然，对于他来说，失去的已无法挽回，甚至还伴随着撕心裂肺的疼痛。但是，他并没有为此感到痛苦消极，而是用长远的眼光来看待这一切，领悟到了生命的真谛。即使自己失去了双腿，但是自己还活着，这又何尝不令人感到快乐呢？

在人生的路上，有着太多的得，也有太多的失，许多人一直都在计较着得与失。所以，他们每一天都在抱怨、懊悔中度过，在他们漫漫人生中，没有哪一天能够真正快乐。无声的岁月将我们带走，繁华落尽，这时，我们才感叹：原来自己从来没有快乐过。对于那些失去的、得不到的，为什么不能以一种长远的眼光去看待呢？保持良好的心态，你会发现，令自己痛苦的是短浅的目光，而不是生活。

当你无法承受时，不如放手释怀

生活中，当我们无法承受某些事情的时候，不如放手释怀，方可获得心灵的快乐。有多少人因为负荷太重而步履维艰，多少人因为欲壑难填而疲于奔命，多少人因为深陷其中而难以自拔。如果你想要所走的每一步都轻盈而快乐，那么，放手释怀未尝不是最好的选择。当生命到了无法承受之时，你还需要坚持什么呢？一味地坚持下去，只会让你继续痛苦。不如放手，你才能重新拥抱快乐。孟浩然放弃了冠盖京华的诱惑，只取人生的淡泊与超然；苏东坡放弃了进退浮沉的纷扰，只享受生命馈赠的酒酿。他们选择了放手释怀，与此同时，他们也收获了一种心灵的快乐。

生命如舟，载不动太多的物欲和虚荣，如果你不想这生命之舟搁浅或者沉没，那就应该果断地选择放手释怀。其实，人生中的许多痛苦是我们自己造成的，错在需要放手时却固执地坚持着，即使内心已经很痛苦，但就是不肯放手，总是偏执地想拿回一些属于自己的东西。殊不知，继续下去的结果只能是让自己陷得更深，而那将是痛苦的深渊，可能你永远没有办法摆脱。既然痛到自己无法承受，为什么还要一根筋地坚持下去呢？所谓的曾经早已过去，你拼命地不放手只是源于自己的不甘心。放手，你将

摆脱痛苦，重新拥抱快乐。

曾经有个人，他总埋怨生活的压力太大，生活的担子太重，压得他透不过气来，于是他试图放下担子。他听人说，哲人柏拉图可以帮助别人解决问题。于是，他便去请教柏拉图。柏拉图听完了他的故事，给了他一个空篓子，说："背起这个篓子，朝山顶去。可你每走一步，必须捡起一块石头放进篓子里。等你到了山顶的时候，自然会知道解救你自己的方法。去吧！去找寻你的答案吧……"于是，年轻人开始了他寻找答案的旅程！

刚上道，他精力充沛，一路上蹦蹦跳跳，把自己认为最好的、最美的石头，都一个一个扔进篓子里。每扔进一个，便觉得自己拥有了一件世上最美丽的东西，很充实，很快乐。于是，他在欢笑嬉戏中走完了旅程的1/3。可是，空篓子里的东西渐渐多了起来，也渐渐重了起来。他开始感到肩上的篓子越来越沉。但他很执著，仍一如既往地前进。

而最后一个1/3的旅程确实是让他吃尽了苦头。他已经无暇顾及那些世界上最美丽、最惹人怜爱的东西了。为了不让沉重的篓子变得更重，他毅然舍弃了这些，只是挑选了些非常轻的、必不可少的东西放进篓子。他深知，这样的舍弃是必要的。然而，无论他挑多轻的东西放入篓子，篓子的重量也丝毫不会减少，它只会加重，再加重，直到他无力承受。但最后，他还是背着篓子，艰难地走过了这最后的1/3旅程。

或许，我们都听过这样一句话：远路无轻物。并不是每一个人都有过挑担的经历。但若你要负重前行，出发的时候往往很轻松，但越行越远的时候，你就显得不堪重负，难以承受肩上包袱的重量。本来，你可以将一些东西放弃的，但是，固执的你却要坚持下去，结果担子越来越重。这时候，你才后悔，为什么不放手一些东西呢？

她经常说这样一句话："如果有选择，我宁可将这段感情从我的记忆中抹去。"这时，她的脸上便会出现一种痛苦的表情。那是她的初恋，但命运的捉弄，却让她碰到了一个坏男人。

她只是一个单纯的小姑娘，相信他所说的一切，甚至，为了跟他在一起与家人反目。她省吃俭用，只为了他能衣着光鲜地出门；她收敛自己的脾气，只为了不想与他吵架。但是，无意中，她却得知原来他所说的都是假的，而自己的付出可谓是一文不值。她陷入了深深的痛苦之中：内心的眷念，心中的不甘，这些都让她不想放手这段感情；但是，她知道，继续下去只会让自己更加痛苦。

亲戚朋友都规劝："你跟他是没有好结果的，你这样跟他继续下去，只会让你受伤更深。"她知道这样的道理，但是，不甘受骗的固执个性使她咬牙坚持了下去。可是，越继续越痛苦，他越来越多的劣迹让她触目惊心。

痛过，哭过，她不禁仰天长叹：罢了，罢了，我放手还不行吗？别让我这样继续地痛下去了。

生活中，有多少人跟她一样深陷爱情的泥潭中无法自拔呢？如果你能从中获取到快乐和幸福，那么，坚持下去是正确的。但是，如果你跟她一样，一次次被骗，一次次被伤害，你的坚持不过是愚蠢的自我伤害，换句话说，一切的痛苦都是自己造成的。学会放手，释怀这段感情，因为有全新的生活在等着你，而你也将收获一份心灵的快乐。

人生就像是负重前行，随着年龄的不断增长，我们所承受的压力也越来越大，身上的担子也越来越重。因为在前进的途中，能让我们感兴趣的东西在不断地变化，而你所能得到的东西却越来越少了。这时，我们应该学会选择，对于那些超负荷的东西，不如放手释怀，以重新收获心灵的快乐。

外界虽施压，真正的压力却是自己给的

生活中，无论是生存压力，还是工作压力，对一个人的心态都有着重要的影响，一旦压力来袭，就容易生气、烦躁，似乎看什么事情都不顺眼，内心的坏情绪积压过久，总想痛快地发泄一番。因此，那些给自己施加很多压力的人，他们往往是快乐的贫瘠者。一位公司白领这样说："最近工作压力大，感觉自己越来越不快乐，脾气越来越大，老想发火，尤其是每天回家坐地铁，十分拥挤，每次都会与站在身边的人发生冲突。我也

不想这样，但我就是快乐不起来。”虽然，工作压力很大，但是，我们还是有选择的，因为在更多的时候，压力是我们自己给的。而这些压力就像是一个刽子手，它扼杀了一切快乐的因子。

每天，我们都面临了诸多压力，有可能是事业不顺而造成的工作压力；有可能是感情不顺而造成的感情压力；还有可能是家庭不和谐而造成的家庭压力。对此，心理学家把这些压力统称为“社会压力”。社会压力对于一个人来说，将直接转换成心理压力、思想负担，久而久之，就会成为心结。如果这种压力长久以来得不到有效释放，就会越积越多，并产生巨大的能量，最终，它会像火山一样爆发出来，导致的结果是，人们的情绪大变，感觉自己活得太累，每天都不开心，脾气越来越坏，甚至，有严重者精神崩溃、做出傻事。当然，对于外界的压力，我们需要调节，千万不要再给自己压力，这样只会是雪上加霜。

一位朋友近来在学习弹琴，由于基本功不太扎实，他练起琴来很费力，尽管付出了许多辛勤的汗水，可就是不见效果。

但是，他极度渴望自己在琴技方面能够有所突破，于是，他强迫自己每天练琴四个小时。这样，时间长了，他变得非常焦虑，从心理上把练琴当成了一种压力，他常常烦躁地问老师：“我是不是练不好了”、“我还能行吗”、“怎么这么练都不见效果，我干脆还是不练习了吧”、“难道我就这么放弃了吗”。

老师听了，只是微微一笑：“你不要给自己找气生，放松自己，缓解心中的压力，卸下负担。这样，心情好了，琴艺自然会有所进步。”过了不久，朋友的琴艺真的进步了，而之前弥漫在脸上的阴霾已经消失得无影无踪了。

其实，对于这位朋友来说，外界并不存在太大的压力，反而是他自己给了自己太大的压力。自然而然地，他将练琴当成了一种负担，这样，他就可能生活在压力、痛苦、烦躁和苦闷中，无法真正体会到练琴的快乐。一个人若是背着负担走路，那么，再平坦的路也会让他感到身心疲惫，最终，他会因为不堪生活的压力而走向不归路。对于生活中的某些事情，不要给自己太大的压力，顺其自然，压力反而会小很多，而自己也会感到一

种前所未有的轻松和快乐。

吉姆是一位年轻的汽车销售经理，他的前途可谓一片光明。但是，由于吉姆是对自己要求很高的人，无形的巨大压力使得他感到异常绝望，他觉得自己就快要死了。甚至，他开始为自己挑选墓地，为自己的葬礼做准备。其实，吉姆的身体只是出了一点小问题，有时候会呼吸急促，心跳加快，喉咙梗塞，医生规劝："你只需要坦然处理生活中的压力，退出自己热爱的汽车销售行业就行了。"

在医院，医生给吉姆做了全面检查，医生告诉吉姆："你的症结是吸进了过多的氧气。"吉姆先是一愣，然后大笑了起来："那真是太愚蠢了，我怎样对付这种情况呢？"医生说："当你感觉呼吸困难、心跳加速的时候，你可以向一个袋子呼气，或者暂时屏住气息。"医生递给吉姆一个纸袋，吉姆照办了，结果，他发现自己的心跳和呼吸都变得很正常，喉咙也不再梗塞了。当他离开诊所的时候，他已经是容光焕发了，原来这一切的症结都是源于内心的焦虑和恐惧，而这些情绪反应完全是因为给自己压力太大的结果。

太大的压力常常会令人陷入长期的焦虑和恐惧中，这样一种消极心理会加重人们的焦虑感和恐惧感，有严重者，还会导致身体出现疾病。心理学家认为：适当的压力有助于激发我们更强的斗志，但是，正如任何事情都有一定的度，压力过大就会影响到正常的情绪。所以，在生活中，我们要给自己适当的压力，对于不是太糟糕的事情，我们应该学会忘记，这样一来，那些琐碎的小事就影响不到我们了。

遭遇再不幸，至少你还有着生命的力量

有人曾说："不幸就像是一块石头，对于弱者来说，它是一块绊脚石，让你却步不前；对于强者来说，它是一块垫脚石，让你看得更远。"

一个人如果经不起挫折，受不了历练，他就只会沉浸在挫折带来的痛苦中，感觉不到快乐，对他来说，永远没有希望，也没有前进的方向。其实，那些生活中的不幸对于我们来说，并不完全是一件坏事，在遭受不幸的过程中，锻炼了我们受挫的忍耐力，而从挫折中所吸取的教训将成为我们迈向成功的垫脚石。许多人遭遇不幸的时候，总表现得怨愤难平，似乎自己的遭遇是上天对自己的不公，于是他们怨天尤人，却从来不思考自己能去做点什么。我们应该记住：即使自己遭遇再不幸的事情，但至少我们还有着生命的力量。

毕业于哈佛大学的戈尔曾就任美国副总统，他说："自古以来的伟人，大多是抱着不屈不饶的精神，从逆境中挣扎奋斗过来的。"在人生的道路上，我们常常会遇到各种挫折与不幸，而对于生活中的不幸，我们该如何看待呢？所谓"百糖尝尽方谈甜，百盐尝尽才懂咸"，不经受历练的人生是单调、幼稚的人生；不遭遇不幸的人生将是空洞的。在不幸的生活面前，我们应怀着一丝希望：我还有着生命的力量！

在大山里，有一个命运悲惨的男孩，在他10岁时母亲就因病去世了，父亲是一个长途汽车司机，长年累月不在家，没有办法照顾男孩。于是，自从母亲去世后，小男孩就学会了自己洗衣、做饭，照顾自己。然而，上天似乎并没有过多地眷顾他，在男孩17岁的时候，父亲在工作中因车祸丧生。在这个世界上，男孩没有什么亲人了，也没有人能够依靠了。

可是，对于男孩来说，人生的噩梦还没有结束。男孩走出失去父亲的悲伤，外出打工，开始独立养活自己。不料，在一次工程事故中，男孩失去了自己的左腿，再次惨遭人生的挫折。男孩对此并不抱怨，也不生气，反而养成了坚强的性格。男孩学会了使用拐杖，有时候不小心摔倒了，他也从来不愿请求别人的帮忙，同时，他还从事着一份简单的工作。

几年过去了，男孩将自己所有的积蓄算了算，正好可以开个养殖场。于是，他用自己全部的积蓄开了一个养殖场。但老天似乎存心与他过不去，一场突如其来的大火，将男孩最后的那点希望也夺走了。终于，男孩忍无可忍，气愤地来到了神殿前，生气地责问上帝："你为什么对我这样不公平？"听到了男孩的责骂，上帝一脸平静地问："哪里不公平呢？"

男孩将自己人生的不幸一五一十地说给上帝听。听了男孩的诉说后，上帝说道："原来是这样，你的人生的确很悲惨，失败太多，但是，你干嘛要活下去呢？"男孩觉得上帝在嘲笑自己，他气得浑身颤抖："我不会死的，我经历了这么多不幸，已经没有什么能让我害怕，总有一天，我会凭借着自己的力量，创造出属于自己的幸福。"上帝笑了，温和地对男孩说："有一个人比你幸运得多，一生顺风顺水，可是，他最后遭遇了一次挫折，失去了所有的财富，与你不同的是，失败后他就绝望地选择了自杀，而你却坚强地活了下来。"

人生的不幸历练着男孩坚强的性格，生活的失败铸就着男孩积极乐观的个性。遭遇事业的失败后，男孩忍不住了，责问上帝为什么对自己这样不公平？为什么自己总是不幸的？最后，在上帝的启发下，他明白，即使自己遭遇再不幸，但是，自己仍活了下来，自己还有生命的力量。只要有一息尚存，就要挣扎着站起来，凭借着自己的力量，创造出属于自己的幸福。

罗斯福在参选总统之前被诊断出患了"腿部麻痹症"，医生对他说："你可能会丧失行走的能力。"听了医生的宣判，罗斯福非旦没有生气，反而微笑着说："我还要走路，而且我还要走进白宫。"

对于一个真正的强者来说，人生的不幸和挫折并不算什么，罗斯福最终走进了白宫，成为美国最伟大的总统之一。

哲人说："不幸铸就生活。"凡是能够成大事者，都必须经得起不幸的历练，经得起失败的打击，因为成功需风雨的洗礼。一个有追求、有抱负的人，他们总是视不幸为动力，甚至，将生活中的不幸当做他们成功的跳板，他们从来不去抱怨那些挫折，也从来不会去埋怨别人。因为他们明白，不幸是人生的一门必修课，自己是否能顺利毕业，取决于乐观的心态，以及对快乐不懈追求的力量。

第5章 感谢对手：折磨如砂轮抛光出璀璨的人生

我们常常听到这样的祝福语：“万事如意，”然而这只是一个美好的愿望。生活中，我们常常被各种各样的烦恼和困难缠绕着，然而，没有经历过风霜雨雪的花朵，又怎能接出丰硕的果实？正是因为这些困难的存在和这些折磨我们的人，让我们学会了领悟人生，让我们懂得奋起直追，让我们认清了自己的不足，甚至给我们当头一棒让我们清醒过来。因此，面对生活中的苦难，我们要心怀感激，可以说，一个成功的人，一个有眼光和有思想的人，都要学会感谢折磨自己的人。唯有以这种态度面对人生，才能算真正的成功。

让内心强大，感谢折磨你的人

人活于世，都渴望一帆风顺、事事如意。而事实上，我们总是遇到各种大大小小的烦心事，这些事也总是折磨人心，让我们焦躁不安。然而，人的生命就是一个破茧成蝶、不断蜕变的过程，我们的身心只有在经过不断历练、折磨之后，才会变得更加坚强，生命的厚度才会因此拓宽。法国文豪罗曼·罗兰说："从长远看，人生的不幸、折磨还是很有诗意的！一个人最怕庸庸碌碌地度过一生。"

同样，追逐成功的过程中，我们也总会遇到折磨我们的人。此时，唯有忍耐和感恩，才能让我们正视折磨，正视脚下的路。可以说，会感谢折磨自己的人，才是真正能够领悟成功的人。曾经有这样一个故事：

一次，拿破仑骑马经过一片树林，听到一阵急促的求救声，于是，他赶紧策马扬鞭，朝着发出声音的地方奔去。

原来，声音来自一片湖泊，他定睛一看，原来是有个士兵掉进了水里，正往深水处漂流，距离岸边大约三十米。此时，岸边还有几个士兵，个个都心急如焚、手足无措，因为他们当中谁也不会游泳，眼看这个落水的士兵就要被冲走了。

拿破仑赶来问道："他会游泳吗？"

一个士兵回答说："会是会，可是好像已经没有体力了，刚才还喊过救命。"

拿破仑哼了一声："喔！"，随即从侍卫长手里取过一支手枪，并大声朝落水的人喊着："你还往当中爬什么，赶快游回来。再往前去，我就

开枪把你毙了！”

说完，果然朝那人的前方开了两枪。落水的人也许是听到了岸上的威胁话语，也许是听到前方子弹入水的响声，猛然地回转身来，努力扑通扑通地胡乱游着，居然很快就向岸边靠拢了。

落水的士兵得救了，同伴们都很高兴。这时方才发现，站在他们身边的竟是拿破仑。被救的小伙子惊魂未定，连忙拜谢拿破仑，并不解地问：“陛下，我是不小心落到水里去的，快要淹死了，你还要枪毙我，这是为什么？你的子弹差一点就打中了我，真把我吓死啦！” 拿破仑笑着：“傻瓜！不吓这一下，你才真的要淹死哩！你再往前漂去，越漂越远，你就再也回不来了。这是一个荒野深湖，周围没有居民。你看，这里几个人有谁能下水救你呀？你受到惊吓，不就回过头来自己救了自己吗？”

这位落水的士兵为什么能得救？是谁救了他？他自己还是拿破仑？从这个故事中，我们发现，有时候，那些我们恨得咬牙切齿、折磨我们的人，实际上正是我们应该感谢的人，是他们让我们懂得自救，激发我们努力、奋斗!

可以说，即使你是个人际关系再好的人，也会有几个“仇人”，或许他们就是绊倒我们的人，或许他们让我们身负重债，让我们活得不清闲。 这时候光是恨，永远无法从中学到该学的，也永远不懂自己为何失败。事实上，从长远或整个人生的角度来看，你的这些仇人也正是你的恩人。好好感谢他们吧！也许就是因为当初他们推你下水，你今天才学会了“游泳”。

事实上，自打我们来到人世，就会遇到这种各样的折磨。年少时，我们要面临升学压力、工作压力、生活压力，中年时，我们还可能会面临失业、离婚、破产、疾病等。这些烦心事始终都萦绕在我们周围，折磨着我们的身体和心灵，甚至让我们寝食难安。然而只有历经折磨的人，才能够更快、更好地成长，生活，会在折磨中得到升华。因为如果你走的是一条平坦的大道，那么，你就失去了一个磨炼自己心智的机会；若你选择了坎坷的小路，你的青春也许会充满痛苦，但探寻人生真谛的大门也许就此被

你打开。

没有经历过风霜的花朵，无论如何也结不出丰硕的果实。或许我们习惯羡慕他人的成功，感叹他人得到的掌声，但是别忘了，温室的花朵注定经受不住任何风雨！温室的花朵注定要失败。正所谓“台上十分钟，台下十年功”，在他们光荣的背后一定有汗水与泪水共同浇铸的艰辛。

所以，一个成功的人，一个有眼光和思想的人，都要学会感谢折磨自己的人，唯有以这种态度面对人生，才能算真正的成功。

那么，从现在起，感谢那些折磨你的人吧！即使他们伤害了你，欺骗了你，鞭打了你，抛弃了你甚至绊倒了你，你都应该感谢他们，因为他们教会了你识人、独立，磨炼了你的心智、激发了你的斗志！

平衡内心，学会接纳比你强的对手

随着社会竞争的日益激烈，越来越多的人认识到了只有努力拼搏才能占据有利地位，于是，人们要面临忙碌的生活：焦头烂额、毫无头绪的工作，烦琐的家务、繁重的生活压力等。如果说生活是一台天平，可能这台天平早就不平衡了：工作与休息的不平衡、事业与家庭的不平衡，物质欲望的逐渐增强……但当夜深人静时，看到熟睡的孩子，你是不是有种幸福感涌上心头？早上，当你吃到家人为你准备的爱心早餐时，你是否会感叹：但愿时间永远停止在这一刻？其实，如果我们懂得把握自己，懂得平衡，让心灵真的放松，那么，这些幸福并不是奢望。

小风是IT界的精英，在她周围工作的同事，多半都是男性，他们在闲暇的时间，要么玩游戏，要么上网；但小风不一样，她有广泛的爱好，从小喜欢运动的她把高尔夫和网球变成业余两大娱乐项目，也因此交到更多朋友。她说：“女人要有情趣，要有爱好，这样你才不容易偏激和单调，才可以更好地调节工作的情绪。”

生活总是平淡而真实的，工作是紧张而枯燥的，而小风却始终保持着对生活的新鲜感："我总是在想办法给自己减压，没有人逼着你非要做到哪一步，是你自己在逼迫自己。换一种方式跟别人讲话，换一个角度处理问题，一切就会改变。如果你什么都喜欢，什么都乐于参与，你就会活得有滋有味。"

现代职场，有不少和小风一样的白领精英，但事实上，他们并没有学会和小风一样懂得如何为自己减压、如何忙里偷闲。人不是机器，可以连轴转，不是有句话说，只有会休息的人才会工作吗？正如小风所说；"没有人逼着你非要做到哪一步，是你自己在逼迫自己。"所以，任何一个人，都要学会放平心态，要注意调整工作节奏，在追求效率的同时尽可能地追求完美，这是一种优雅、愉悦的工作境界。时间是我们仅有的一切，它使我们在地球上享有一片空间，我们不必为了过完它而去随意消磨它。时间不是金钱，是不能积蓄的，是无法替代的，要学会去享受它，这样才会拥有美好的生活。

当然，作为一个现代人，面对纷乱的世界，事业、家庭、健康、情感、心灵都需要我们去平衡。

具体说来，我们需要做到以下几点：

1.呵护亲情，和家人一起享受天伦之乐

在职场上，可能你是领导，但千万不要把这种风范带到家中，相反，你需要为亲情付出。否则，如果你不断透支这些环绕在周围的幸福，终会有一天，当你意识到这一点的时候，幸福已经悄然远去了。

从现在起，你不妨作出以下改变：

（1）没有特殊情况，周末尽量不工作。因为你不能把所有的时间都给工作，要给家人留一些。平常不做饭的女人，最好能回归厨房，给丈夫和孩子做一顿好吃的，让他们感觉到你的爱。

（2）尽量亲自教育你的孩子。孩子的培养与教育不容忽视。为人父母，请别只顾忙着工作与赚钱，请多出一点时间，陪陪孩子。

（3）孝敬父母。爱让这个世界不停旋转，父母的付出远远比山高、比海深。曾经不懂事的你，可能只知饭来张口，衣来伸手。而对于父母，我

们又何曾记得他们的生日，体会他们的劳累，又是否察觉到那缕缕银丝，那条条皱纹。你是否意识到，如果你能在父母劳累后递上一杯热茶，在他们生日时递上一张卡片，在他们失落时奉上一番问候与安慰，他们就会幸福得多。

（4）把家变个模样。不管在当初设计自己家的时候，你费了多少心思，每天打开门，看到的都是同一幅景象，时间久了也会有审美疲劳。不如抽个周末，和老公或者朋友把屋里的家具稍做调整，你会发现这个熟悉的家突然焕然一新，你的心情也跟着焕然一新了。

2.珍惜朋友

很多人在有了自己的家庭后，就忽视了和朋友的交往，慢慢地就变得孤立起来，有一天忽然想找个朋友说说话，拿起电话却不知道该拨给谁，这是悲哀的。无论什么时候，都要保持和一两个密友的关系，偶尔一起去逛街，去喝咖啡，去爬山，重温一下旧时的快乐和美好。

3.运动起来，珍惜自己的身体

身兼数职的现代人都渴望能自我减压和放松。而“回归自然”、“亲近自然”以其独特的魅力吸引着繁华都市里的人们，越来越多的人们乐于怡情于山水之间，呼吸清新的空气，一边爬山，一边欣赏自然风光，健身娱乐一举两得。

追求自我和谐目标的人，通常不但更成功，而且比别人更幸福。自问一下，哪些是自己真正想做的事，自己在哪些方面倾注了更多的心血，自己最近是否忽视了某些方面……

学会掌控自己，就能拥抱成功

人的一生，短短几十载，生命是有限的，人人都渴望成功，但成功的人又有多少呢？也有一些人，他们埋头苦干，却成就一般。《幸福守

则》的作者杰克·森布朗说：“人人内心深处都有一个蓄势待发的英雄。”罗斯福也说过：“杰出的人不是那些天赋很高的人，而是那些把自己的才能尽可能发挥到最限度的人。”如果人们都能充分利用自己的时间和精力，做到事事竭尽全力，那么，绝对可以做出更有价值的事情来。

在美国西雅图的一所著名教堂里，有一位德高望重的牧师——戴尔·泰勒。有一天，他向教会学校一个班的学生们讲了下面这则故事：

那年冬天，猎人带着猎狗去打猎。猎人一枪击中了一只兔子的后腿，受伤的兔子拼命地逃生，猎狗在其后穷追不舍。可是追了一阵子，兔子跑得越来越远了，猎狗知道实在是追不上了，只好悻悻地回到猎人身边。猎人气急败坏地说：“你真没用，连一只受伤的兔子都追不到！”

猎狗听了很不服气地辩解道：“我已经尽力而为了呀！”

再说兔子带着枪伤成功地逃生回家了，兄弟们都围过来惊讶地问它：“那只猎狗很凶呀，你又负了伤，是怎么甩掉它的呢？”

兔子说：“它是尽力而为，我是竭尽全力呀！它没追上我，最多挨一顿骂，而我若不竭尽全力地跑，可就没命了呀！”

泰勒牧师讲完这个故事之后，又向全班郑重其事地承诺：谁要是能背出《圣经·马太福音》中第五章到第七章的全部内容，他就邀请谁去西雅图的“太空针”高塔餐厅参加免费聚餐会。

《圣经·马太福音》中第五章到第七章的全部内容有几万字，而且不押韵，要背诵其全文无疑有相当大的难度。尽管参加免费聚餐会是许多学生梦寐以求的事情，但是几乎所有的人都望而却步了。

几天后，班中一个11岁的男孩胸有成竹地站在泰勒牧师的面前，从头到尾地按要求背诵了下来，竟然一字不漏，没出一点差错，而且到了最后，简直成了声情并茂的朗诵。

泰勒牧师比别人更清楚，就是在成年的信徒中，能背诵这些篇幅的人也是罕见的，何况是一个孩子。泰勒牧师在赞叹男孩那惊人记忆力的同时，不禁好奇地问：“你为什么能背下这么长的文字呢？”

这个男孩不假思索地回答道：“我竭尽全力。”

16年后，这个男孩成了世界著名软件公司的老板，他就是比尔·盖茨。

泰勒牧师讲的故事和比尔·盖茨的成功背诵对人很有启示：每个人都有极大的潜能。正如心理学家所指出的，一般人的潜能只开发了2%~8%，像爱因斯坦那样伟大的科学家，也只开发了12%左右。一个人如果开发了50%的潜能，就可以背诵400本教科书，可以学完十几所大学的课程，还可以掌握二十来种不同国家的语言。这就是说，我们还有90%的潜能处于沉睡状态。要想创造奇迹，仅仅做到尽力而为还不够，必须竭尽全力。

很多时候我们失败了，都会为自己寻找各种开脱的理由：我已经尽力了，只是……其实无数事实和许多专家的研究成果告诉我们：每个人身上都隐藏着巨大的潜能。既然如此，为什么我们没有取得尽如人意的成果呢？主要是由于心理态度与努力程度不够。拿破仑说："真正的智慧就是坚定的决心。"崔健在接受记者采访时也曾说："我活得很痛苦，但这种痛苦是要向上走的痛苦。"

美国成功学大师拿破仑·希尔说："你过去或现在的情况并不重要，你将来想获得什么成就才最重要。除非你对未来有理想，否则做不出什么大事来。"过去已成定局，未来才是希望，未来才可能创造奇迹。

对此，如果要做到事事竭尽全力，你就要给自己提以下几点要求：

1.竭尽全力需要树立坚强的信念

曾经担任过美国足联主席的戴伟克·杜根说过这样一段话："你认为自己被打倒了，那么你就是被打倒了；你认为自己屹立不倒，那你就屹立不倒；你想胜利，又认为自己不能，那你就不会胜利；你认为你会失败，你就失败……生活中，强者不一定是胜利者；但是，胜利迟早属于有信心的人。"

2.竭尽全力应从问题入手

问题是做事的基础。只有理性地分析问题，才能认清事物的本质特征，从而做出正确的判断。

3.竭尽全力应开动脑筋

很多事情并没有固定的模式，在具体解决问题的过程中，只要善于思

考，才能准确把握事情的脉络，才能从点看到面，从表面看到本质，找出问题的根源所在，对症下药，迅速解决问题。许多时候，你不仅要用手做事，更重要的是要用脑做事，才能做成事。

总之，如果你有90%想要成功的欲望，同时有10%想要放弃的念头，这样的人是没有办法成功的。不管做什么事，只要放弃了就没有成功的机会；不放弃，就会一直拥有成功的希望。

方向指引，你的斗志不曾削减

我们都知道，任何理想不经过实践和行动的证明，都将是空想。说一尺不如行一寸，也只有行动才能缩短自己与目标之间的距离，只有行动才能把理想变为现实。成功的人都把少说话、多做事奉为行动的准则，通过脚踏实地的行动达成内心的愿望。但任何行动，如果没有一个正确的方向指引，都是无意义的。

诚然，我们渴望成功，都有自己的梦想，但梦想并不是参天大树，而是一颗小种子，需要你去播种，去耕耘；梦想不是一片沃土，而是一片荒芜之地，需要你在上面栽种绿色的植物。如果你要想成为社会的有用之材，就要“闻鸡起舞”，甚至需要“笨鸟先飞”；如果你想创作出不朽之作，就需要呕心沥血……梦想的成功是建立在阶段性的目标基础上的，需要以奋斗为基石，如果你要实现心中的那个梦想，就行动起来吧！去为之努力，为之奋斗，这样你的理想才会实现、才会成为现实。

曾经在非洲的森林里，有四个探险队员来探险，他们拖着一只沉重的箱子，在森林里踉跄地前进着。眼看他们就要完成任务了，就在这时，队长突然病倒了，他只能永远地待在森林里。在队员们离开他之前，队长把箱子交给了他们，并告诉他们：请他们出森林后，把箱子交给一位朋友，他们会得到比黄金还重要的东西。

三名队员答应了队长请求，扛着箱子上路了。前面的路泥泞难走，他们有很多次想放弃，但为了得到比黄金更重要的东西，便拼命走着。终于有一天，他们走出了无边的森林，把这只沉重的箱子交给了队长的朋友，可那位朋友却表示一无所知。结果他们打开箱子一看，里面全是木头，根本没有比黄金贵重的东西，那些木头也一文不值。

难道他们真的什么都没有得到吗？不，他们确实得到了一个比金子贵重的东西——生命。如果没有队长的话鼓励他们，他们就没有了目标，他们就不会去为之奋斗。从这里，我们可以看到目标在我们追求理想的过程中的指引作用！

同样，追求梦想的过程也不是一帆风顺的，无数成功者为着自己的理想和事业竭尽全力、奋斗不息。孔子周游列国，四处碰壁，乃悟出《春秋》；左氏失明后方写下《左传》；孙膑断足后，终修《孙膑兵法》；司马迁蒙冤入狱，坚持完成了《史记》；伟人们在失败和困顿中，用不屈服，立志奋斗，终于达到成功的彼岸。 而当今社会，有很多人却以失败告终，为什么呢？很多人把问题归结于外在，比如，时运不济，天分不够等，持这种观点的人，只看到问题，却看不到解决问题的方法；只看到困难，却看不到自己的力量；只知道哀叹，却不去尝试解决问题。这样的人永远也不可能成功。我们再来看看下面这个例子。

沃伦·巴菲特是2008年的世界首富。巴菲特的父亲是一家大公司的董事长，资产过亿。大学毕业后，巴菲特想接管父亲的公司，父亲拒绝了他。父亲曾慷慨地把大笔大笔的钱捐给了慈善机构，对巴菲特却异常“吝啬”，不肯给他一分钱的创业资金。巴菲特想到银行贷款，请求父亲给他当担保，父亲又拒绝了他。为了积累创业资金，巴菲特开始了打工生涯。不久，巴菲特就用打工挣来的钱开了一个小店；而后，小店成为了公司；再后来，公司发展壮大了。

白手起家也能成为世界首富，沃伦·巴菲特创造了财富神话！可能很多人会有这样的念头：我们发不了财，是因为我没有富爸爸，甚至悲叹没有人为自己提供现成的创业资金。这不是很可笑吗？这里，沃伦·巴菲特之所以能缔造自己的财富神话，就是因为他有正确的理念：巴菲特为了

解决创业资金问题，想得到父亲的帮助，遭到拒绝；得不到无偿的资助，想贷款，又没人担保；贷不到款，他干脆就去打工。在巴菲特看来，有问题，就要想解决的办法。在巴菲特面前，没有解决不了的问题；巴菲特没有时间怨恨，没有时间等待，只有迫不及待地行动。这才是白手起家的世界首富的本色！

想成功的人们，从现在起，你只需树立一个正确的理念，调动你所有的潜能并加以运用，你便能脱离平庸的人群，步入精英的行列之中！你可以记住以下几点：

1.关注未来，不要满足于现状

独具慧眼的人，往往具备人们所说的野心，是不会为眼前的蝇头小利而放弃追求梦想的，他们一般用极富远见的目光审视未来。

2.为自己拟定阶段性的目标

长期目标（5年、10年或15年）：这个目标会为你指引前进的方向，因此，这个目标能否决定好，将决定你很长一段时间是否在做有用功。当然，长期目标还要求我们不拘泥于小节。

中期目标（1—5年）。也许你希望自己能拥有房子、车子，升职等，这些就属于中期目标。

短期目标（1—12个月）。这些目标就好比是一场淘汰制的歌唱比赛，预赛中的胜出，能鼓舞你不断努力、不断前进。这些目标提示你，成功和回报就在前方，须鼓足干劲，努力争取。

即期目标（1—30天）。一般来说，这是最好的目标。它们是你每天、每周都要确定的目标。每天当你睁开眼睛，就需要告诉自己：今天我要有什么样的突破。而当你有所进步时，它能不断地给你带来幸福感和成就感。

3.不要把梦停留在“想”上

梦想可以燃起一个人所有的激情和全部潜能，载他抵达辉煌的彼岸。但有了梦想，不要把“梦”停留在“想”，一定要付诸行动，制订目标，这才可以带给你真正需要的方向感。

剖析优劣势，让自己更有竞争力

伟大的科学家爱因斯坦说过："兴趣是最好的老师。"古人亦云："知之者不如好之者，好知者不如乐之者。"这就是说，一个人一旦对某事物有了浓厚的兴趣，就会有强大的精神动力去主动求知、探索，以达到感性认识和理性认识的统一，从而形成对事物系统、全面的认识，并且在这个过程中，他还会有愉快的精神体验，进而形成一个良性的循环。正是因为认识到了这一点，古今中外的教育家无不重视兴趣在智力开发中的作用。

而现实生活中，一些人在人生发展的道路上，却把命运交付在别人手上，人云亦云，盲目跟风，他们忽视了自己的内在潜力，看不到兴趣的强大作用，甚至不知道自己到底需要什么，不知道未来的路在哪里。于是，他们浑浑噩噩地度过每一天，甚至在充满各种诱惑的社会大潮中迷失了自己。但如果你能准确地定位自己，认清自己，看到自己的兴趣，那么，你就能充分挖掘到自己的内在潜质，朝着这个方向努力，你就会做回自己，充分发挥自己的价值。

任何一个中国人，都对姚明这个名字耳熟能详，然而，不为人知的是，他在篮球事业上的辉煌来自于他成长过程中的兴趣。然而，他的兴趣并非刚开始就锁定在篮球上。他曾经说过："最重要的就是去做你真正想做的事情，跟着兴趣走。"

在姚明小的时候，他和很多同龄的男孩一样，喜欢枪，喜欢玩游戏，喜欢自由自在的生活，做自己喜欢做的事情。但后来，他开始喜欢看书，尤其喜欢看地理方面的书籍，他的父亲说，有一段时间姚明还对考古发生了兴趣；再往后，喜欢做航模，他第一次在体工队拿了工资，就去买了航模回来自己做；再后来就喜欢打游戏了。

姚明的家庭是民主自由的，尤其在学习上，他的父母从来不逼迫他，

而是以启发为主，重视培养他的兴趣，而这种方式让姚明享受到了学习的乐趣。长大之后，每当有人问起他的童年，他都会说："我是玩过来的，没人逼迫我学习。"

姚明的父母和他当年的老师以及小伙伴都说，其实刚开始他并不喜欢篮球，对当年的他来说，篮球只不过是一种游戏。

而直到他9岁的时候，才开始对篮球有点兴趣。到12岁时，他已经非常喜欢篮球这项运动了。父母把他送到上海体育学院，他在那里每天都要打几个小时的篮球。由于姚明住校，离家的路途比较遥远，这使得他有更多的时间打篮球，他对篮球越发专注了。

姚明最喜欢的球员有三个，他们是阿瑞维达司·萨博尼斯、哈基姆·奥拉朱旺和查尔斯·巴克利，姚明还坦言他曾用"萨博尼斯"作为网名。

萨博尼斯是姚明刚开始打球时的偶像。姚明喜欢萨博尼斯打球的方式——娴熟的运球，用不可思议的方式把球传给空位的队友，精准的中远距离投篮。每当他打球时，他都会效仿他的偶像打球的方式。

后来，姚明很关注当时的休斯敦火箭球队。这支球队以另一个敏捷的大个子哈基姆·奥拉朱旺为首，1994年和1995年连续两年赢得NBA的总冠军。姚明迷上了这支球队，也非常崇拜奥拉朱旺。所有这些都使姚明对篮球更感兴趣，也使他打球的动力更足。

从姚明身上，我们可以可发现，兴趣能对一个人的成长、个性发展乃至人生道路产生很大的影响。然而，并不是每个人都能让兴趣发挥如此巨大的作用，兴趣的产生也不是与生俱来的，它是在学习、活动中产生和发展起来的。为此，我们若想找到自己真正的兴趣所在就必须做到以下几点：

1.培养自己的好奇心

生活中，我们经常会遇到一些未知的事物，很多人对这些未知事物都采取一笑置之或者漠然的态度，而实际上，这正是培养我们兴趣的关键所在。没有好奇心，就没有探求的欲望，也就谈不上兴趣。比如，你看到美丽的彩虹，那为什么会出现彩虹呢？真的是天女所为？要去掉这些问号，就需要你进一步查看相关书籍，了解这些知识，兴趣很可能也就这么产生了。

2. 保持持续的热情

有些人的确有好奇心，但总是只有三分钟热度。比如，有人喜欢弹琴，但持续不了一个月，这样，即使你再有天分，你的弹琴技巧也不会有多大进步。可见，要培养一份兴趣，就要保持持续的热情，每天进步一点，就会把这一兴趣变成生活习惯，长此以往，自然会有所提高。

3. 深入了解

无论做什么事，最怕的就是蜻蜓点水、不求甚解。生活中，有些人兴趣广泛，但却做不到精益求精，这又怎么能真正让兴趣发挥作用呢？

可见，兴趣可以使人智力得到开发，知识得以丰富，眼界得到开阔，并会使人善于适应环境，对生活充满热情。然而，兴趣不只是对事物表面的关心，更需要我们不断培养，并不断坚持！

别因为面子而失去自我

我们都知道，中国人最重视面子，面子就是尊严，伤什么不能伤面子。在很多人的心目中，面子是尊严的代名词。生活中，也有很多人无论何时都为自己做足面子：囊中羞涩却硬要摆阔，因为面子上过不去；生活困难也不求助，为爱面子；不愿作为却勉强为之，为给面子……面子，实在太重要了。丢失了面子，就丢失了光荣，失去了光彩，失了身份，感到脸上无光、心中无味。面子问题真的这么重要吗？

实际上，“要面子”并没有什么错，从某种程度看，它是人类的优点，这是知廉耻、懂礼仪、求上进的表现。但如果“死要面子”，那么，就必然会走向极端，甚至会让你“活受罪”、失去自我。我们还得学会中庸之道对其客观对待，把握分寸。我们先来看下面一则故事。

战国时期，齐国有个叫黔敖的善人，总是乐善好施。这年，齐国出现了

严重的饥荒，于是，黔敖在路边准备好饭食，以供路过时饥饿的人来吃。

一天，有个饥饿的人很想接受黔敖的施舍，但却很爱面子，于是，他只好用袖子蒙着脸，无力地拖着脚步，莽撞地走来。黔敖看到这个人，就左手端着饭食，右手端着汤，对他说道：“喂!来吃吧!”那个饥民扬眉抬眼看着他，说：“我就是不愿吃嗟来之食，才落到这个地步。”黔敖追上前去向他道歉，他仍然不吃，终于饿死了。

“宁可饿死，也不受嗟来之食”，表面上看，这是有自尊心的表现，但实际上，这是典型的“死要面子活受罪”，如果没有了生命，又何来自尊呢?

在现代社会，爱面子的人也比比皆是。生活中，我们经常看到这样一些例子：一个人很爱面子，如果朋友来向他借钱，而自己偏偏没有财力助人，但为了不被人看不起，他也会应允下来。实际上，这并不是真正的仗义，而是软弱的表现，为了维护自己的尊严宁可让自己受罪或损失。再比如，一些人盲目攀比，看到周围的人买房买车，而自己也小有积蓄，此时，他并不会考虑如何发展自己，而是为了脸面，买更好的房子和车。还比如，在生活中，一些人认为过俭朴的生活很没有面子，特别是被别人看见了会大失颜面，所以很多人为了在别人面前摆阔气，总是大肆铺张浪费，以赢取人们的眼光，来获得属于他的“真正面子”。

好虚荣、要面子是攀比心理的伴生物。的确，人们总是有好胜心，当自己的现状比周围的人差时，就会产生一种想超越的心理，这种心理会促使我们不断努力和进步，但如果这种心理变成了盲目的攀比，就会变成一种不务实际的心理焦虑，就等于在为自己设置障碍。

实际上，每个人都是单独的个体，都应当有自己的个性。只有坚持走自己的路，才会活出自我。然而，这种好虚荣、要面子的心理焦虑具有一定的普遍性，要调整这种心理状态，就应该客观地认识自己、认识面子问题，不要对自己提出超出自己实际能力的期望值。具体来说，我们需要做到以下几点：

1. 正确看待自己

人各有所长，也各有所短。以己之短，追慕他人所长，常常力所不

及。如果能够摒弃这种攀比心理，就会正确地认识自我，发现自己的长处，感觉到别人也有不如自己的地方，就不再为自己不如别人而苦恼。只有具备这种心态，才能自得其乐，才能摆脱心理焦虑的苦恼。

2. 找到真正赢得他人尊重的方法

现今社会，商品经济日益发展，随着改革开放的不断深入，人们生活水平也逐渐提高。一些人为了面子讲享受、谈消费，认为只有“能挣会花”才有面子。然而真正的面子，不是靠你的出手阔气来赢取别人的目光以获得满足的，而是靠你的人格魅力赢来的。

总之，关于面子问题，我们一定要正确看待，一点面子不要就是不知廉耻，但“死要面子”就是失去自我！

第6章

完善心力：阳光心态给你添加动力

郑板桥说："千磨万击还坚韧，任你东南西北风。"天助自助者，在困境中依然选择坚强，用微笑迎接每一天的阳光，我们才不会被命运和生活所抛弃。阳光的心态能消融冰雪，乐观的心境自然会化解困难。

“心”败，人必败

有人说：“处于不幸中，垂头丧气显然于事无补，我们要做的，除了坦然面对之外，就是改变自己的心态。”当生活的不幸来临时，积极的心态是一个人战胜一切艰难困苦，走向成功的助推器。内心不败，人就不会败。积极的心态，能激发人们自身的所有聪明才智；而消极的心态，就好似蜘蛛网缠住昆虫的翅膀一样，不断地束缚人们才华的施展。在不幸面前，有的人越过越好，而有的人却从此一蹶不振。其实，这两者的区别在于心态的差异：前者所拥有的是积极的心态，而后者却总是呈现出消极心态。当然，心态是个人的选择，有积极心态的人往往会处于不败之中，一个人若是有了积极乐观的心态，那么，战胜不幸对于他来说就轻而易举了。

这是一个遭遇不幸的家庭，丈夫原来是一家工厂的职工，乖巧懂事的儿子正在读高中。不过，这一切全因为妻子生病而毁了，如今，妻子瘫痪在床，生活不能自理。对此，丈夫不得不辞去工厂的工作，在家里陪着妻子。

看到家里这种情况，懂事的儿子要辍学打工，但是，父母坚决不同意。爸爸对儿子说：“如果你不念书了，你妈妈会觉得连累了你，心里会是多么难过。你是咱家最大的希望，现在咱们苦点，等你将来考上大学，毕业后找份好工作，咱们不就翻身了吗？再说家里还有我呢。咱们两个都是男人，这个时候都需要坚强起来，没有过不去的火焰山。”儿子最终没有辍学，学校得知情况后，免去了他的学费。

但是，一家人总是要吃饭，仅仅靠着政府救济是解决不了问题的。丈夫要照顾妻子，不能出去工作，他寻思就在家里弄了一个小作坊，利用自

己的手艺做些小工艺品，卖给街上的商店，商店再卖给来旅游的游客。后来，妻子也加入到其中，夫妻俩在家里一边做工艺品，一边说说笑笑，丝毫看不出生活带来的痛苦。

丈夫总是很幸福地对妻子说："我觉得我们很幸福，天天都在一起，同劳动同吃饭，多好。"丈夫还学会了按摩，每天坚持给妻子按摩两个小时，妻子的病情大有好转，瘫痪的双腿渐渐有了知觉。

如今，妻子在拐杖的支撑下试着练习走路，尽管很痛苦，但妻子还是每天咬牙坚持练习。她说："尽管医生说过我的双腿不可能再恢复了，但我还是想试试看，奇迹不都是人创造出来的吗？我也想试试看能不能创造出一个奇迹。"

或许，看完这个故事，你根本体会不到这是一个遭遇不幸的家庭，他们跟所有幸福的家庭一样，没有什么痛苦。什么是不幸呢？心若不败，人就永远不会败。积极乐观的心态是成功的起点，消极的心态是失败的源泉。在遭遇不幸的时候，选择了积极的心态，就等于选择了成功的希望；选择了消极的心态，就注定了要走入失败的沼泽。如果你想摆脱不幸，就必须摒弃那种扼杀你的潜能、摧毁你希望的消极心态。

鲍勃和艾克是两位住在乡下的陶瓷艺人，听说城里人喜欢用陶罐，他们便决定将自己烧制的最好的陶罐卖到城里去。经过十多年的反复试验，他们终于烧制出了他们认为最好的陶罐。他们幻想着，整个城市的人马上就能用上他们的陶罐，而他们也能因此过上富裕的生活。一想到这儿便兴奋不已，于是他们雇了一艘轮船，准备将所有陶罐都运到城里去。

不幸的是，轮船中途遇到了强烈的风暴，等风暴过后，轮船靠岸，陶罐全部成了碎片，他们的富翁梦也破碎了。鲍勃提议，先去酒店住上一晚，来一趟城里不容易，不如休息一晚后，明天再在城里四处走走，好好见识见识。而艾克则捶胸顿足地痛哭了一番后问鲍勃："你还有心思去城里四处走走，难道你就不心疼我们辛辛苦苦烧出来的那些陶罐？"鲍勃心平气和地说："我们失去了那些陶罐，本来就够不幸的了，现在，如果我们还因此而不快乐，那不是更加不幸？"

艾克觉得吉姆的话有道理，于是跟着鲍勃去城里好好地玩了几天。他

们意外地发现，城里人用来装饰墙面的东西很像他们烧制陶罐的材料。于是，他们索性将那些陶罐的碎片全部砸碎，做成马赛克出售给城里的建筑工地。结果鲍勃和艾克不但没有因为陶罐的破碎而亏本，反而因为出售马赛克而大赚了一笔。

积极的心态能使人看到希望，激起人的斗志。消极的心态使人沮丧、失望，限制和扼杀人的潜能。积极的心态创造人生，消极的心态消耗人生。西部“牛仔大王”李维斯的西部发迹史充满坎坷，充满传奇。他的制胜“法宝”是：每当受到挫折、遭受打击时，绝不抱怨，并且非常兴奋地对自己说“太棒了！这样的事竟然发生在我的身上，又给了我一次成长的机会”。对于我们每个人来说，生活和事业不可能一帆风顺，常常会遇到各种困难和挫折，我们必须永远怀有事情还会有转机的乐观心态，才能战胜逆境获得成功。

逆境风雨中，你会收获意想不到的礼物

戈尔曾说：“自古以来的伟人，大多是抱着不屈不挠的精神，从逆境中挣扎奋斗过来的。”生活中，人们听到“逆境”、“挫折”这样的词儿时总是紧皱眉头，郁郁寡欢。在他们看来，逆境意味着绝路，或许，自己再也没有翻身的那一天了。但事实并不是这样的，多少成大事者都是从逆境风雨中走了过来，从而获得了巨大的成功。也许，你会问，同样是逆境，怎么会出现这样大的差别呢？那是因为，在逆境风雨中，那些能坚持下来的人，往往会收获一份意想不到的礼物。或是乐观的心态，或是顽强的斗志，或是困难中的机遇，但是，正是这些逆境中获得的经验与教训，铸就了他们最后的成功。

人生因逆境风雨的历练而变得多姿多彩，也许我们并不欢迎逆境、磨难的到来。但是，当它们与我们不期而遇的时候，请不要调转回头。逆境

就好似一个魔鬼，一旦它盯上你，就会对你穷追猛打，不舍不弃。而那些躲避甚至逃跑的人，只会被他欺负得更加悲惨。如果你想成大事，那么，必须经得起逆境风雨的洗礼，经得起失败的打击。成功是需要风雨的洗礼的，而一个有追求、有抱负的人，总是视挫折为动力。所谓“能受天磨真铁汉，不遭人嫉是庸才”，逆境，对于天才来说是一块成功的跳板，对强者来说是一笔宝贵的财富。

格哈德·施罗德出生在一个工人家庭，小时候，父亲在远征苏联的战争中牺牲，施罗德兄妹五人与母亲相依为命。有一段时间里，他们住在一个临时搭建的收容所里，尽管母亲每天工作长达14个小时，但仍然不能满足家里的开支。年仅6岁的施罗德总是安慰母亲：“别着急，妈妈，总有一天我会开着奔驰来接你的。”

逐渐长大的施罗德进了一家瓷器店当学徒，后来又在一家零售店当学徒。在1963年施罗德加入了民主党。在之后的10年里，他读完了夜校和中学，后又来到格丁根通过上夜大攻读了法律专业。大学毕业后，他获得了律师资格，成为了一名律师，不久之后，他当选为社民党格廷根地区青年社会主义者联合会主席。在以后的日子里，施罗德一直活跃于德国政坛，46岁那年，施罗德再次竞选成功，成为萨克森州州长，就是在这一年，施罗德实现了儿时的愿望，开着银灰色奔驰轿车将母亲接走了。也许，是因为儿时的苦难记忆，施罗德在人生的道路上丝毫不敢懈怠，8年之后，施罗德又一举击败连续执政16年之久的科尔，当选为德国新总理。

童年时期的施罗德曾在杂货铺里当学徒，那时他常说的一句话是：“我一定要从这里走出去！”他成功了，而且，比自己想象中走得更远。即使，在成功的路上伴随着困难与逆境，但是，施罗德从来没有把逆境当成一回事，而是善于从逆境中获取自己想得到的礼物。儿时的记忆让他明白：自己必须牢牢抓住隐藏在困难中的机遇，不断地向前行。或许，那隐藏在逆境中的机遇，就是上天给予施罗德的礼物。

卡莉·费奥瑞娜从斯坦福大学法学院毕业以后，所做的首份工作是一家地产公司的电话接线员。费奥瑞娜每天的工作就是打字、复印、收发文件、整理文件等杂活，父母与亲戚对费奥瑞娜的工作感到不满意，认为一个斯坦福大学的毕业生不应该做这些杂活。但是，费奥瑞娜却没有任何怨言，她继续努力工作，同时一边学习。有一天，公司的经纪人向费奥瑞娜问道："你能否帮忙写点文稿？"卡莉·费奥瑞娜点了点头，凭着这次撰写文稿的机会，她展露了自己卓越的才华。在以后的日子里，卡莉·费奥瑞娜不断努力向前，后来成为了惠普公司的CEO。

卡莉·费奥瑞娜刚开始进入社会的时候，不受重视，只能替人打杂跑腿，接受无端的批评、指责，得不到提携，处于浮萍般的生活中。但是，她并没有选择放弃，而是在逆境中继续忍耐，等待机遇的降临。

任何一个人在成长的过程中，都将注定经历苦难，那些被困难、挫折击倒的人，必须忍受生活的平庸；而那些战胜苦难、挫折的人，定能够突出重围，赢得成功。逆境所带来的礼物远比它本身更有意义。当然，我们获取礼物的前提条件是你能够坚持下去，否则，你只会永远被列入平庸者之列。

只要精神不倒，就能绝处逢生

魏尔仑说："希望犹如日光，两者皆以光明取胜。前者是荒芜之心的神圣美梦，后者使泥水浮现耀眼的金光。"要知道，每一个明天都是希望，无论自己身陷怎样的逆境，都不应该感到绝望，因为我们还有许多个明天。只要未来有希望，人的意志就不容易被摧垮，前途现实重要，希望比现在重要，人生不能没有希望。只要你保存希望，就永远不会有绝望。生活中，每个人在某个时刻都会面临绝境，但它往往并不是真正的绝境，而是一种精神和信念的绝境。只要你的精神不倒，保存希望，即使在绝境中，也能寻找到希望之花。

在人生的道路上，挫折和逆境都是在所难免的，而那些磕磕绊绊、坎坎坷坷也是我们无法预料的。但是，我们一定要牢牢记住：怀揣希

望，永不绝望。在遭遇逆境的时候，不要沮丧忧虑，不管发生了什么事情，无论自己的处境多么糟糕，都不要沉溺在绝望中无法自拔，千万不要让痛苦占据你的心灵。心怀希望，当困难来临的时候，我们才有勇气直面困难、打倒困难，并以顽强的意志战胜困难。亚伯拉罕·林肯在一次竞选参议员失败后这样说道："此路艰辛而泥泞，我一只脚滑了一下，另一只脚也因而站不稳；但我缓口气，告诉自己'这不过是滑一跤，并不是死去而爬不起来'。"因为他怀抱着必胜的希望，所以，他的人生从来没有绝望过。

1832年，毕业于哈佛大学的亚伯拉罕·林肯失业了，这令他感到很难过，他下定决心要成为政治家，去当一名州议员。但糟糕的是，他在竞选中失败了。在短短的一年里，林肯遭受了两次打击，这对他而言无疑是痛苦的。接着，林肯开始自己创业，当即开办了一家企业，可是还不到一年，企业就倒闭了。在这之后的17年里，林肯都在为偿还企业欠下的债务而奔波劳累。不久之后，林肯又一次参加竞选州议员，这次他成功了，在林肯内心深处有了一线希望，他认为自己的生活有了转机，心想："可能我就可以成功了。"

然而，人生的逆境好像永远没有结束的那一天。1835年，亚伯拉罕·林肯与漂亮的未婚妻订婚了，但离结婚的日子还差几个月的时候，未婚妻却不幸去世，林肯心力交瘁，几个月卧床不起，没过多久，他就患上了精神衰弱症。1838年，林肯觉得自己身体好了些，他决定竞选州议会议长，但是，在这次竞选中他又失败了。再接再厉的精神鼓舞着林肯，1843年，林肯参加竞选美国国会议员，这次他所面临的依旧是失败。但是，林肯却一直没有放弃，他并没有说："要是失败会怎样？"1846年，林肯参加竞选国会议员，这次他终于当选了。但两年任期过去，林肯面临着又一次落选。不过，林肯并没有服输，1854年，他竞选参议员，但失败了；两年之后他竞选美国副总统提名，但是却被对手打败；两年之后他再一次参加竞选，还是失败了。无数的失败并没有让林肯放弃自己的追求，1860年，亚伯拉罕·林肯当选为美国总统。

回看林肯的一生，似乎全是逆境；但是，在任何时候，林肯都没有放

弃过，他始终怀揣着必胜的希望。虽然，与逆境相抗的过程给我们带来了压力和痛苦，但是，这些难忘的经历却有可能让我们赢得成功。

有一个穷人为农场主做事。有一次，穷人在擦桌子时不小心碰碎了农场主一只十分珍贵的花瓶。农场主向穷人索赔，穷人哪里能赔得起。最后被逼无奈，只好去教堂向神父讨主意。神父说："听说有一种能将破碎的花瓶粘起来的技术，你不如去学这种技术，只要将农场主的花瓶粘得完好如初，不就可以了。"

穷人听了直摇头，说："哪里会有这样神奇的技术？将一个破花瓶粘得完好如初，这是不可能的。"神父说："这样吧，教堂后面有个石壁，上帝就待在那里，只要你对着石壁大声说话，上帝就会答应你的。"

于是，穷人来到石壁前，对石壁说："上帝请您帮助我，只要您帮助我，我相信我能将花瓶粘好。"话音刚落，上帝就回答了他："能将花瓶粘好，能将花瓶粘好……"

穷人听后信心百倍，于是辞别神父，去学粘花瓶的技术。一年以后，这个穷人终于掌握了将破花瓶粘得天衣无缝的本领。他真的将那只破花瓶粘得像没破碎时一般，还给了农场主。

难道真的是上帝回答了他吗？其实，他想要感谢的是他自己，那块石壁只不过是一块回音壁，他所听到的上帝的回答，其实就是他自己的声音。只要心中的信念在，希望就在。许多人陷入了逆境，总是悲观绝望，给自己增加很大的压力。事实上，逆境是另一个希望的开始，它往往预示着美好的明天。你只需要告诉自己：希望是无处不在的。那么，再大的困难也会变得渺小，再糟糕的处境也会有所好转。

积累失败的经验，让它成为一笔财富

爱默生曾说："每一种挫折或不利的突变，总是带着同样或较大

的有利的种子。”在失败的背后，往往隐藏着宝贵的经验与信念，事实上，失败是一笔不可缺少的财富。虽然，我们在遭遇挫折、面临失败的时候，心里都会产生一种负面的情绪，但是，如果自己长期深陷其中而不能自拔，失败将会成为你的代名词。美国著名心理学家贝弗利·波特认为，当一个人在工作中的失败感大于他所取得的成就感时，就很有可能对自己的工作失去热情。而当这种失败感以一定的频率固定出现的时候，他就很容易对自己的工作产生倦怠。面对失败，我们需要做的并不是自甘堕落、自暴自弃，而是要不断积累失败的经验，让失败成为一笔财富。

日本著名实业家原安三朗曾说：“年轻时赚一百万的经验，并不能成为将来赚十亿元的资本；但损失一百万的经验，倒可以培养赚十亿元的经验，逆境是锻炼人最好的机会。”一个不能认识和接受失败的人，也无法看清楚成功的本质。从失败的教训中学到的东西，往往比从成功中学到的还要深刻。成功，总是在经历多次失败之后才姗姗来迟，正确面对失败，才是走向成功的重要素质和能力。

和田一夫21岁那年，自己经营的位于静冈县热海家的蔬菜水果店被一场大火烧毁，和田一夫几乎失去了所有。但是，失败并没有让他放弃希望，他将烧成平地的100平方米土地拿去做抵押，借钱买了块300平米的土地盖了一个超级市场，开创了日本八百伴。超级市场在和田一夫的经营下，发展越来越好，这时，和田一夫想带着自己的超级市场进军亚洲，而新加坡成为了进军亚洲的起点。

20世纪70年代初期，和田一夫在新加坡开辟了第一个亚洲市场。1976年，受世界石油危机的冲击，巴西八百伴被迫关门。通过这次教训，和田一夫领悟到：“不该死守一个地方，要大胆调动资金、分散资产。”紧接着，八百伴从东南亚“流通”到了台湾、香港地区和中国大陆。80年代末期至90年代初期，整个亚洲经济处于全盛时期，和田一夫的八百伴集团在16个国家拥有了400多间百货公司，八百伴集团坐上了世界零售业第一把交椅。

1997年，和田一夫在日本负责掌管八百伴公司的弟弟，因被指控欺骗

日本财政部而被法庭判定有罪，当时也判定和田一夫结束所有海外企业，回日本受审。当时，日本媒体称和田一夫将资金调动到中国，拖累了日本八百伴。顿时，一夜之间，和田一夫变成了一个连累八百伴股东和员工的罪人。这时，和田一夫做出了决定，宣布“自我破产”，交出所有财物，向企业界告别，搬到一个租来的房子里。

如今，和田一夫成立了“和田一夫企业咨询公司”，他的日常工作就是用电脑给许多企业家回答问题，为企业团体作演讲。同时，他以探讨自己的失败为主要内容撰写了《从零开始的经营学》，这本书成了日本的经典著作之一。对此，和田一夫这样说：“失败是我的财富，我想将这个企业咨询网络像当年的八百伴一样伸展到亚洲，甚至全世界。”

莎士比亚曾说：“逆境使人奋进，苦尽才能甘来。”在人生的道路上，成功没有巅峰，追求没有止境，短暂的荣誉往往会束缚着人们前进的手脚，一时的辉煌往往会消减人们的斗志。而失败，让人痛心更催人奋进，既让人难堪更让人坚定，让人们在放弃时能鼓足勇气，想逃避时拾起自尊。失败是成功的前奏，失败是一笔财富，失败能够使人不断地反省自己，在逆境中奋进，在低谷中抓住机遇，不断冒险与尝试，最后采摘到成功的果实。

杰出的音乐家贝多芬在双耳失聪后，坚持音乐创作并获得了巨大的成功；只受过三年正规教育，被老师认定是一个智力迟钝的学生——爱迪生，在经过不懈的努力之后，成为了最伟大的发明家之一。

大量的生活经验告诉我们：失败并不可怕，只要你在失败中不断地积累经验，终究能将失败变成财富。其实，遭受失败并不可怕，关键是要用积极的心态来面对。只要我们能改变心态，把每一次的失败都当做考验自己的机会、超越自己的机遇，那么，我们就不会沉浸在痛苦里，甚至会感谢失败让我们看清了真相，获得了经验。失败会让人变得成熟，它是人生的一笔宝贵财富。

不是不在乎，但是要懂得淡定

生活中，有的人晋升了职位就欣喜若狂，但若是在竞争中败下阵来则会捶胸顿足，好像失去了一切。于是，生活就像是群山一样，高山平谷跌宕起伏。对于生活中的荣辱、金钱、地位，要说自己真的不在乎，那是不可能的，毕竟，人生在世，你所追求的也少不了这些。但是，很多时候，若是你太在乎，将会把自己置于痛苦之境。即使在乎，你更需要懂得淡定，荣辱不惊；花开花落，只是一种人生境遇，你又何苦自寻烦恼呢？淡定是一种生活的态度，更是一种阳光的心境，它会帮助你拨开头顶的乌云。繁华落尽不过是一片苍凉，灯红酒绿之后不过是漆黑的夜晚，所以，应怀着一颗从容淡定的心来面对生活中的得与失、成与败。

淡定是一种阳光的心态，即使面对致命的诱惑，也要以平和、不急不躁、不卑不亢的心态来面对，淡定从容，不以物喜，不以己悲，心境永远不会因人生境遇而大起大落。对于人生中的幸福安乐、荣华富贵，能够看得淡、看得透；能够出乎其中、出乎其外，不会痴迷其中。保持淡定的心，那些人生境遇对你来说不过是过眼云烟。纵然岁月无情地流逝，即使青丝已经变成了白发，从容淡定的人却总能够寻找到生活的乐趣，总是会发现生活不经意间的美。

在宁波与温州之间有个地方叫台州，台州里有个地方谓之黄岩，据说那里生活着一些从容淡定的黄岩女子。

黄岩女子给人的印象总是不冷不热，不温不火，淡定的谈吐，得体的衣饰，就如同飘忽在黄岩天空的云，宁静淡然。黄岩女子喜欢过安逸的小日子，黄岩是个富庶的地方，于是造就了她们“民静而安，素朴而俭”的生活作风。她们善良本分，内心平静，感情细腻朴实，不会好高骛远，更倾向于追求一种安静的生活。也许，她们的眼界不太开阔，心思也不太

活跃，有点世故但不令人讨厌，有点拼劲但不会拼命。黄岩女子很会过日子，她们看上去可能不够干练，可能不够精明，但正是这样没有心计的她们反而把简单的生活过出了独特的味道。

她们已经把从容淡定作为一种生活态度，淡定地面对喧嚣的尘世，活出自己的精彩，活出真实的自我。“春卧小楼听夜雨，夏临清池赏新荷，不以秋悲伤怀，不以冬寒蚀志”，如此简单地活着，善良、坦率地活着，品味人生，享受乐趣。

心境淡定，不要为自己的平凡而叹息；心境淡定，不要为了争强好胜而绞尽脑汁。也许，我们已经经历了一次又一次的悲痛，在人生的路途上一次又一次地遭遇挫折与困难。但是，淡定的心境让我们依然能够微笑着面对生活，依然从容淡定地看这个世界的“花开花落、云卷云舒”。

那一年金融海啸，他辛辛苦苦花了二十年经营的公司倒闭了。整整一个晚上，他没有睡觉，只是一根烟接一根烟地抽着，他想起了很多事情：想起了儿时告别家乡独自一个人上路的情景，想起了自己寄人篱下的辛酸，想起了自己获得人生第一桶金时的喜悦，想起了自己创办公司那天的灿烂阳光……

苦想了那么多，他百思不得其解，为什么那么辛苦创办的公司会在一夜之间化为乌有。早晨，第一缕阳光照进屋里的时候，他想起了老母亲，想起了母亲经常对自己说的一句话：“阿强，命里有时终须有，命里无时莫强求。对自己，不要太苛刻了。”一瞬间，他想明白了，既然失去了那就失去了吧，任何的抱怨、痛苦都无济于事。

那天早上，他笑容满面地遣散了公司员工，大家都担心地看着他。他显得很平静，反而安慰下属说：“没事，当年我也是一无所有；其实，我不是不在乎公司的失去，只是我知道，我做任何事情也挽回不了，不妨淡定一些，这样我的心里也会好过一些。”

人生道路上有鲜花、有掌声，有多少人能等闲视之？人生路上也有坎坷泥泞、有满地荆棘，又有多少人能以平常心视之？“荣辱不惊，闲看庭前花开花落；去留无意，漫随天外云卷云舒。”对于人生中的种种，我们要拿得起、放得下，既来之，则安之，保持淡定的心态，一花一草便可以

是一世界。

坚定信念，心不要随意动摇

马丁·路德·金曾说：“在这个世界上，没有人能够使你倒下，如果你自己的信念还站立着的话。”有人曾问成功者：“是一种什么力量驱使你坚持了这么多年？”他只回答了两个字：“信念。”信念，当然是信念，怀着一份坚定的信念，执著地走下去，把实现人生目标作为一种人生的信念，这样才能产生巨大的力量。许多人失败了，并不是他们没有目标，而是没有能够坚定自己的信念，而缺少了信念，他们就失去了坚持下去的力量。信念，是一个人成功的根本，信念的力量是巨大的，它支持着我们生活，催促着我们奋斗，推动着我们不断地进步。正是信念，创造了世界上一个又一个奇迹。

成功大师拿破仑·希尔说：“有方向感的信念，令我们每一个意念都充满力量。”信念，是我们力量的源泉，同时，它推动着我们走向成功。面对这个充满诱惑的世界，影响我们走向成功的不确定因素有许多，但是，心中有信念的人，能坚守自己的目标不动摇，坚定信念，心不要随意动摇，要以自己的方式走向成功。

在2008年末，英国《人物》周刊居然让一条狗登上了它的封面，而《人物》周刊对这条狗做了如下的语言描述：“它是降临在浮躁的英国的一种力量，它是笃定而欢快地照耀在任何一位迷失者前方的一盏路灯，它是早就藏好了眼泪和悲伤、只表露笑容与歌声的一种幸福，它的名字叫信念，它是一条狗，它是一只有两条腿、像人类一样直立行走的狗。”

信念，本身就蕴含着巨大的力量，它将帮助我们踏上成功之旅。

高尔基说：“只有满怀信念的人，才能在任何地方都把信念沉浸在生

活中并实现自己的意志。”一个对信念不够坚定的人，就像一根潮湿的火柴，永远不可能点燃成功的火焰。许多人之所以失败，不是因为他们不能成功，而是因为他们缺少了那份信念。信念是成功的基石，人们只有对他所做的事情充满了必胜的信念，他们才会采取积极的行动，才会将梦化为现实。

有一队人马在荒无人烟的沙漠中艰难地跋涉，他们已经在沙漠里走了很久很久。太阳毫不吝啬地释放着光和热，他们随身带的水已经不多了，随时都会有生命危险。走了长长的一段路，最后，大家都走不动了。这时，领队的老人从自己背上解下一只水桶，对大家说：“现在只剩下一桶水了，我们要等到最后一刻再喝，不然大家都会没命的。”

于是，他们继续无比艰难的旅程，而那桶水成为了他们心中唯一的希望，望着那沉甸甸的水桶，每个身体疲惫的人都对生命有了一种信念：一定要坚持到旅程的最后一刻。但是，天气太炎热了，一个小伙子实在撑不下去了，他向老人乞求：“老伯，让我喝口水吧。”老人生气地回答：“不行，这水要等到最艰难的时候才能喝，你现在还可以坚持一会儿。”就这样，老人坚决地回绝了每一个想喝水的人。

眼看到了黄昏，大家发现领队的老人已经不见了，只有那个水桶孤零零地躺在前面的沙漠中，沙地上写着一行字：“我不行了，你们带上这桶水走吧，要记住，在走出沙漠之前，谁也不能喝这桶水，这是我最后的命令。”每个人抑制住内心那份悲痛，继续向前出发了，而那只沉甸甸的水桶在每个人手里依次传递着，谁也舍不得喝上一口，因为他们清楚这是老人用生命换来的。终于，他们走出了沙漠，喜极而泣之余，他们想到老人留下的那桶水，然而，打开了桶盖，却从里面流出了沙子。

居里夫人说：“生活对于任何人都非易事，我们必须有坚忍不拔的精神。最要紧的，还是我们自己要有信念。我们必须相信，我们对每一件事情都有做好的天赋，而且，付出任何代价，都要把这件事情完成，当事情结束的时候，你就能问心无愧地说‘我已经尽我所能了。’”信念就如同航标灯射出的明亮光芒，在烟波浩淼的人生海洋中，指引着我们走向辉煌，信念是我们力量的源泉。

信念和希望是生命的力量，在许多时候，打败自己的并不是环境，而是自己。只要我们心中还存留着一丝希望，就要坚定自己的信念，努力追求，努力奋斗。在生活中，无论自己的处境是多么的糟糕，也要在心底保持一份信念，因为信念能使我们释放出强大的力量。只要信念还在，那么希望就能够永存，命运也会对我们作出让步。

调整自己的消极想法

美国教育学家戴尔·卡耐基调查了许多名人之后认为，一个人事业的成功，只有15%是由于他们的学识和专业技术，而85%靠的是心理素质和善于处理人际关系。据心理学家分析，幸运儿的一些特征如下：第一是外向，他们更容易与人相处，乐于花时间参加聚会，喜欢跟人打交道；第二是不敏感，不愉快的事不是不会发生在他们身上，但是他们比较健忘。所以，如果我们要出人头地，就要保持积极乐观的想法。

积极乐观能够为我们拓展人脉；还能够增强我们的心理素质，让我们更容易接近成功。相反，消极的想法让我们对工作敷衍应付，对待朋友同事自私冷漠，时时刻刻以自己为中心衡量世事。因此，更容易得到人情冷淡、世态炎凉的结论。

消极的人，他们认为世界是黑暗的，他们会对世界的黑暗面进行无限的放大，执著地探求所谓的社会“真相”。比如，汶川大地震时，很多明星向遭遇地震的灾区捐款捐物，有的演员举行义演募捐，有的甚至亲赴灾区去看望灾民。积极善良的人会受到感动，认为他们的高义值得赞美、值得崇敬。而消极自私的人会认为他们只不过是惺惺作态，借机扩大自己的影响、名气，他们的捐献不足他们收入的1%，用1%的收入换取免费的推销自己，他们当然是乐意的。这样的人，在看待世界时，处处从消极黑暗的一面出发，他们认为上司在有意排挤自己，同事间的关心不过是虚情假

意，自己会做事不会做人，因此处处不顺心。其实，不是因为他的境遇比别人差，而是他的心境比别人糟糕。心理学中给“变态”一词的定义是：真实地、执著地寻求伤害自己和他人的元素。消极是极轻微的变态，如果我们不加控制，就会永远地从负面看待世界，我们的情绪就是负面的，会伤害自己和别人。消极想法的害处比杀人、骗人更甚。如果我们从消极的一面去看待世界，看待我们的生存工作环境，看待人们之间的关系，我们就会变得自私、冷漠、无情。而这样的人，即使有再高的智商也不容易获得人们的认同、尊敬，也不容易成功。

消极看法会贬低自我和他人，觉得凡是属于自己的都不好。上了大学嫌大学不够知名；进了单位觉得单位差；结了婚，觉得老婆不够完美；有了小孩觉得看着不顺眼；连对自己的相貌都没有自信，因此处处不顺心，事事不如意，何况是遇到折磨呢？即使没有遇到任何磨难，也觉得所有人、所有事都跟自己过不去，日日生活在内心自卑的煎熬下，时时处在自我折磨之中，内耗严重，怎么拿得出精力工作，怎么会成就大业呢？

基于这种消极的想法，我们对待工作就会冷漠、敷衍、应付。因为工作既无聊，又难以应付，还时时出现各种状况，并且我们的薪酬又不足以安慰我们付出的代价。所以我们工作时就会得过且过，“当一天和尚，撞一天钟”。这样的应付，怎么能够把工作做好呢？更不用说自己从工作中得到快感和满足了。从处理难题中得到自信和钦佩，一个人连自己的工作尚且不热爱，更不用提业余爱好、情趣、志向了。

我们对于人事多疑、猜忌、冷漠、自私，我们的人脉怎么能够拓展，人际关系怎么会和谐？自己不能信任和尊重他人，别人怎会信任我们，尊重我们，又怎会看重我们？我们做事必然处处充满障碍。

如果，连为人处世都不能顺利，更谈不到出人头地。每个人都有一些消极的想法，都有消极的时候。如果要比别人做得好，就要比别人想得好，内心比别人乐观，才能够比别人的社会关系更融洽，工作能力比别人更强，工作比别人更顺利。

每个人都有遇到困难折磨的时候，在顺境中，我们的能力往往是不分伯仲的；关键是在逆境中，我们的心理素质，会让彼此之间拉开很大的距

离。心理学认为，一个人心理素质的好坏最容易从他应付挫折的方式中看出来。如果在挫折面前别人积极应对且很快站起来，解决了问题，继续前行，而你还沉浸在挫折带来的折磨痛苦中不能自拔，那当你收拾好心情上路时，就会发现别人已经走出了很远，这段距离是不容易追上的。如果你还不能尽快调整自己的消极想法，你就会永远落在别人的后面。当人生的“九九八十一难”过去，别人已在遥远的山巅，而你还在山谷徘徊。消极的你，也许会想“人死平等，我们终于又平等了”。但他人留在后世的是一个光辉的形象、学习的榜样，你不过留给后世一个卑琐的影子，甚至没有任何痕迹，你觉得这是平等的吗？是你所追求的吗？

如果你追求的是出人头地，那么除了要付出比别人更多的努力，找到比别人更正确的做事方法，还要调整自己的消极想法，让自己更热情、更积极乐观，才能更快地靠近成功。

第7章 提升自信：拥有无与伦比的魅力

自信是每个人在日常生活和工作中必须具备的一种心理优势，它能够为生活增强信心，能够提升工作效率，而且，信心能影响你事业的成败。幸运的是，对那些缺乏自信的人来说，自信是很容易提升的。

一切皆有可能，信心就是保证

世界酒店大王希尔顿用200美元创业起家，有人问他成功的秘诀，他说："信心。"而美国前总统里根在接受*SUCCESS*杂志采访时说："创业者若抱着无比坚定的信心，就可以缔造一个美好的未来。"信心是成功的助燃剂，对自己多一份信心，成功就可以多十分。在生活中，许多人对自己缺乏自信，当他们去做一件事情时，总是担忧地说："我觉得这件事不可能做到。"其实，他们在质疑这件事难度的同时也否定了自己的能力。当一件事情还没有开始做的时候，就先否定了自己，到最后，那些本可以成功的事情就真的变成了不可能。信心是一切成功的保证，只要你相信自己，那么，就没有什么不可能。

一天，著名教授普朗克和儿子在花园里散步，他看起来神情沮丧，遗憾地对儿子说："孩子，十分遗憾，今天有个发现，它和牛顿的发现同样重要。"原来，他提出了量子力学假设以及普朗克公式。但是，由于他一直很崇拜牛顿理论并虔诚地将其奉为权威，而自己的发现将打破这一完美理论，他有些怀疑自己的判断，最终他宣布取消自己的假设。不久之后，25岁的爱因斯坦赞赏普朗克的假设并向纵深处引申，提出了光量子理论，奠定了量子力学的基础。随后，爱因斯坦又突破了牛顿绝对时空理论，创立了震惊世界的相对论，并一举成名。

不自信常常会使我们失去成功的机会，或者让我们放慢前进的脚步。由于普朗克对自己缺乏自信，而使整个物理理论的发展停滞了几十年。所以，任何时候，都要相信自己，不要怀疑自己，而是要努力、勇敢地证明

自己，这样我们才有可能站在成功的顶峰之上。

从前，有一个美国青年，他个子很矮，内心很自卑，30多岁依然一事无成，整天坐在公园里唉声叹气。一天，好朋友找到他，兴高采烈地对他说："我告诉你一个好消息！"他不相信，没好气地说道："我哪有什么好消息。"朋友高兴地说："真的是好消息，我看到一份杂志，里面有一篇文章，讲的是拿破仑有一个私生子流落到美国，这个私生子又生了一个儿子，他的全部特点跟你一样：个子矮矮的，讲的是一口带有法国口音的英语……"他半信半疑："真的是这样吗？"但是，他不愿意相信这是事实。可是，当他拿起那本杂志琢磨了半天，最后终于相信了自己就是拿破仑的孙子。

这一发现让他完全改变了自己的内心。以前，他老觉得自己个子矮小，非常自卑，而现在，他开始欣赏自己的这一特点。他心想：矮个子有什么不好！我爷爷就是靠这个形象指挥千军万马的；以前，他觉得自己的英语讲得不好，像个乡巴老一样，但是，现在，他却为自己带法国口音的英语而自豪。

他变得无比自信起来，每当遇到困难的时候，他就对自己说："在拿破仑的字典里是没有'难'字的。"就这样，他一直相信自己就是拿破仑的孙子，他克服了一个又一个的困难，三年之后他成为一家大公司的董事长。后来，他请人去调查自己的身世，发现自己其实并不是拿破仑的孙子，但是，他却这样说："现在我是不是拿破仑的孙子，已经不重要了，重要的是我懂得了一个成功的秘诀：人生不能没有自信。"

当这位自卑的青年受到某种刺激的时候，也激发了他的自信心，于是，他重新振作精神，并开始努力实现自己的人生目标。艺术大师徐悲鸿曾说："人不可有自负，但不可无自信。"如果这位美国青年还是那样自卑，或许，他到现在还是一事无成。

在生活中，有许多身有残疾或者处于逆境中的人，他们之所以能取得旁人难以想象、难以达到的成就，正是因为他们有一股强大的精神动力——自信心。一个自信心很强的人，他会相信自己的力量，无论什么样的困难与挫折都不能阻挡他前进的步伐，从而赢得成功。相反，一个对自己缺乏自信的人，他看不到自己的力量，看不到自己的优点与长处，在追

逐成功的过程中，他失去了克服困难的信心和勇气，最终，只能面对失败，与成功失之交臂。人生需要有自信心，永远不放弃，坚定地走下去，那就没有什么不可能。

丢掉自卑，让自信的阳光洒满心房

一位来自城里的记者询问在夜间忙碌的农民：“为什么要在夜间翻地呢？”农民回答说：“在夜间翻地，野草的生长率会降到2%，但若是让野草得到一缕阳光，它们便会快速增长，生长率高达70%呢。”听到这样的回答，记者惊呆了，并不是因为快速生长的野草会影响农作物，而是被野草的生命力所感动。野草，本来是多少不起眼的小生命啊，但是，因为那一缕阳光的生命力，就可以怀抱自信，冲破黑暗，沐浴阳光。连野草这样卑微的生命都对自己充满了信心，而我们为什么要自卑呢？

自卑是一种因过多的自我否定而产生的自惭形秽的情绪体验。其实，在生活中，几乎每个人都有自卑，只是程度不同而已。适度的自卑能够激励人们发奋努力，获得成功。但是，过度的自卑，则会影响一个人的心理、行为，乃至事业成就。那些对自己缺乏信心的人过度关注自己的生理缺陷和能力的不足，导致其心理承受能力十分脆弱，经不起较强的刺激。他们很容易对他人产生猜疑、嫉妒心理，行为上总是畏首畏尾、瞻前顾后。由于自卑，或许他们本可以成为优秀人才，但是，因看不到自己的特长，不敢发挥自己的优势，最终只能碌碌无为。自卑，就好似一个陷阱，阻碍人们继续前进。因此，我们要丢掉自卑，让自信的阳光洒满心房吧。

有一天，一个高傲的武士前来拜访禅宗大师。他本是一个出色且颇具威名的武士。但是，当他看到外表俊朗的大师，竟不由得自卑起来。他对此很不解，对大师道出了心中的疑惑：“为什么我会感到自卑？仅仅在一分钟以前，我还是信心满满的。但是，当我刚跨进你的院子，便突然变得

自卑起来。以前，我从来没有过这种感觉，我曾无数次面对死亡，但从没感到过恐惧，为什么现在我感觉有些惊恐了呢？”

大师对他说：“请你耐心地等一下，等这里所有的人都离开后，我会告诉你答案。”前来拜访大师的人络绎不绝，武士焦急地等待着。到了晚上，武士急不可待地说：“现在，你可以回答我了吧。”大师说：“到外面来吧。”

院子里，明月挂在天空中，发出皎洁的光辉。大师说：“看看这些树，那棵树高入云端，而它旁边的一棵树却还不及它的一半高。但是，它们已经在这里很多年了，从来没发生过什么问题。一棵这么高，一棵这么矮，为什么我却从未听到抱怨呢？”

武士领悟了，他回答说：“因为它们不会比较。”大师回答说：“那么你就不需要问我了，你已经知道答案了。”

其实，很多时候，自卑是源于人们内心的比较，越比较越觉得自己处处不如人，结果，内心就越来越自卑。但所谓“天生我材必有用”，上天从来都是公平的，它会眷顾每一个人。当它为你关上一扇门的同时总会为你打开另一扇窗。不过，如果你总是怀着自卑之心，又怎么能得到上天的眷顾呢？自信是一个人跨越成功门槛的动力，丢掉内心的自卑，提升自信，这样，你向前的脚步将会变得更加坚定、轻盈。

俄国著名戏剧家斯坦尼夫斯基，有一次在排演一场话剧的时候，女主角突然有事不能演出了。斯坦尼夫斯基实在找不到人，只好叫他的大姐担任这个角色。大姐以前只是一个服装道具管理员，现在突然要出演主角，内心很自卑胆怯。结果，演得很差，引起了斯坦尼夫斯基的不满。

有一次在排练节目的时候，他突然停下来，说：“这场戏是全剧的关键，如果女主角仍然演得这样差劲儿，整个戏就不能再往下排了！”顿时，全场都安静了下来，大姐很久都没说话，突然，她抬起头来，说：“排练！”一扫内心的自卑、羞怯，演得非常自信、非常真实。斯坦尼夫斯基高兴地说：“我们又拥有了一位新的表演艺术家。”

拿破仑说：“只要有信心，你就能移动一座山。只要坚信自己会成功，你就能成功。”可是，在生活中，拥有信心的人并不多。自信本身并不神

奇，也不神秘，但是，如果你相信自己确实能够做到，自然就会信心百倍。

读过《简·爱》这本书的人都会被那个自信的女孩所吸引，书中，那个家财万贯、性格孤僻的庄园主罗杰斯特为什么会爱上地位低下而又其貌不扬的家庭教师呢？答案其实很简单，因为简·爱自信、自尊，富有人格的魅力。正是这种自信的气质与魅力，使她获得了罗杰斯特由衷的敬佩和深深的爱恋。有人在研究当代世界名人的成长经历之后都会发现，这些名人对自我都有一种积极的认识和评价，表现出相当的自信。坚定的自信心，不仅使人在事业上不断进取，达到既定目标，而且，使人在性格上重塑自我，增添人格魅力。

生活充满奇迹，只要你相信就一定能实现

在《圣经》中有这样一句话："你的成功取决于你的信心。"事实上，自信往往能产生奇迹，相信自己的人，总是充满着极大的热情和力量。简单地说，那些在信心庇护下的人能从许多担忧和焦虑中解脱出来。自信的人，有行动的自由，他的能力也能得到自由发挥，在这种自由下能取得一定的成就是可想而知的。试想，一个人的思想若是受到了担忧、焦虑、恐惧或无把握感的束缚和妨碍时，他的大脑就不可能有效地指挥自己去完成某些事情。信心是一块伟大的基石，往往能造就奇迹。信心使人们的力量倍增，更使人们的才能增加数倍，如果没有信心，将一事无成。即使是一个有着卓越能力的人，一旦他对自己或对自己的才能失去信心，那他就会迅速地失去力量，变得不堪一击。

杰克·韦尔奇出生在一个典型的美国中产阶级家庭，父亲在铁路公司工作，每天早出晚归，因而，培养孩子的任务就落在了母亲的身上。与其他母亲不太一样，她对韦尔奇的关心表现在更注重提升他的能力和意志上。母亲是一位十分有权威的人，她总是让韦尔奇觉得自己什么都能干，

教会韦尔奇独立学习。每当韦尔奇的行为有所不妥，母亲总是以正面而有建设性的意见唤醒他，促使韦尔奇重新振作，母亲虽然话不是很多，但总令韦尔奇心服口服。

母亲一直抱持着这样的理念：坦率的沟通、面对现实、主宰自己的命运。她将这三门功课教给了韦尔奇，使得韦尔奇终生受益。母亲告诉韦尔奇："要掌握自己的命运就必须树立自信。"韦尔奇到了成年以后还是略带口吃，但是母亲安慰韦尔奇："这算不了什么缺陷，只不过思维比开口快了一些。"正是母亲给予的这份自信，让口吃不再成为阻碍韦尔奇发展的绊脚石，而且成为了韦尔奇骄傲的标志。美国全国广播公司新闻部总裁迈克尔对韦尔奇十分钦佩，甚至开玩笑说："他真有力量，真有效率，我恨不得自己也口吃。"

以韦尔奇的中学成绩应该可以进美国最好的大学，但是，由于种种原因，他最后只进了麻州大学。刚开始，韦尔奇感到十分沮丧，但进入大学以后，他的沮丧变成了幸运。他后来回忆这段经历时说道："如果当时我选择了麻省理工大学，那我就会被昔日的伙伴们打压，永远没有出头的一天。然而，这所较小的州立大学，让我获得了许多自信，我非常相信一个人所经历的一切都会成为自信的基石，包括母亲的支持、上学取得的学位等。"韦尔奇的大学班主任威廉这样评价他："他总是很自信，他痛恨失败，即使在足球比赛中也一样。"1981年，韦尔奇成为了历史上最年轻的CEO，他是通用电气公司董事长。而自信成为了通用电气的核心价值观之一，韦尔奇这样说："所有的管理都是围绕自信展开的。"

韦尔奇这样解释他的成功："我们所经历的一切都会成为我们建立信心的基石。当你被选为一支球队的队长时，当你在球场中选队员时，你就掌握了这支队伍，然后事情就这么发生了，渐渐地，你会习惯这些经验，而且人们也会信任你，给予你善意的回应。"谁能想到一个略带口吃的人会成为令世界瞩目的名人呢？或许，在很多年以前，韦尔奇自己也不相信，可就是因为自信，他缔造了一个奇迹。

1796年的一天，在德国哥廷根大学，19岁的高斯吃完了晚饭，开始做导师单独布置给自己的、每天例行的三道数学题。高斯很快就把前面两道题做完了，这时，他看到了第三道题：要求只用圆规和一把没有刻度的直尺，画出一个正17边形。高斯感到非常吃力，时间很快就过去了，但是，这道题还是没有一点进展。高斯绞尽脑汁，但是，他很快发现自己学过的所有数学知识似乎都不能解答这道题。不过，这反而激起了高斯的斗志，他下决心：我一定要把它做出来！他拿起了圆规和直尺，一边思考一边在纸上画着，尝试着用一些常规的思路去找出答案。

天快亮了，高斯长舒了一口气，自己终于解答了这道难题。见到导师，高斯有点内疚："您给我布置的第三道题，我竟然做了整整一个通宵，我辜负了您对我的栽培……"导师接过了作业，当即惊呆了，他用颤抖的声音对高斯说："这是你自己做出来的吗？"高斯有点疑惑："是我做的，但是，我花了整整一个通宵。"导师激动地说："你知不知道，你解开了一道有两千多年历史的数学难题！阿基米德没有解决，牛顿没有解决，你竟然一个晚上就做出来了，你才是真正的天才！"原来，导师误把这道难题交给了高斯，每次高斯回忆起这一幕时，总是说："如果有人告诉我，这是一道两千多年历史的数学难题，我可能永远也没有信心将它解出来。"

生活处处充满奇迹，只要你相信就一定能实现。信心使你坚信自己一定能成功，信心能开启守卫生命真正源泉的大门，正是借助于信心，你才能发掘出伟大的内在力量。在很多时候，你的人生是辉煌还是平庸，是伟大还是渺小，都将与你的信心成正比。现实生活中的许多人都不相信自己，他们甚至不知道信心为何物，在他们看来，这个世界并没有什么奇迹。其实，这都是源于他们对自己缺乏信心。要知道，信心能使我们站得高、看得远，能使我们站在高山之巅，眺望远方充满希望的大地。

再渺小的人和事，都有着不可替代的作用

生活在这个世界，许多人都会认为自己是渺小的、容易被忽视的。他

们心里常常会这样想：我不过就是一个小人物，又能有多大的作为呢？在这样的心理作用下，他们变得越来越自卑，不敢相信自己，甚至，否定自己的能力与学识。其实，谁不是渺小的呢？但是，我们更应该记住，即使再渺小的人和事，它们都有着不可替代的作用。哪怕是路边不起眼的一株小草，也为这个世界增添了一抹动人的绿意。或许，它在你眼里也是极其渺小的，甚至是可以忽略不计的。但是，它们对于这个世界，依然有不可或缺的作用。更何况我们还生存着，拥有着生命，我们对于这个世界更有着不可替代的作用。

他们家三代单传，爷爷和父亲都是农民，他觉得自己一定要有出息。可是，成绩还不错的他在高考时落榜了，失望中的他偶然听到“自古军营多俊才”，于是想：说不定自己到部队还能干出点名堂、混出个模样来。他怀揣着梦想来到了部队，做了一名普通的通信兵。刚开始的时候，他很高兴、自豪。可是，日子久了，整天不是爬杆架线就是打线结，要不就是背着线跑来跑去，他开始犹豫了，当个小卒有啥用？他开始食不甘味，什么也不想干了。

有一次，他与战友下象棋，一开局，他就开始发起了猛攻，“炮当头”、“把马跳”、“出车”、“走相”，你来我往，各不想让。却没想到，战友将不起眼的小卒用得很好，小卒过河之后，竟撵着他的“车、马”躲躲闪闪，最终他输在了对方的小卒上。“怎么样，小卒子挺厉害吧？”战友面带微笑地望着他。他虽然嘴上说厉害，但心里还是不服，于是他又请对方再来了一局，结果他还是输在了小卒上，这下他真的服了。

原来，不起眼的小卒也有着不可替代的作用。

“小卒过河赛大车”，小卒，看起来不起眼，但是，它发挥出的作用却是很大的。或许在生活中，我们只是平凡岗位上的一名普通职员，不过，即使在最平凡的岗位上依然可以做出不平凡的事情来。无论你从事多不起眼的工作，都为这个社会带来了利益，那就是你不可替代的作用。

所谓“小卒过河胜似车”，特别是小卒过了河就有万夫不当之勇。在那楚河汉界，车马炮看见小卒过了河，也不免得心惊肉跳，即便是再威武的将军，最后也免不了可能被小卒吃掉的下场。或许，在生活中，我们就

是那不起眼的小卒：可能是街边的清洁工，可能是普通的小职员，可能是一个小士兵，可能是一个普通的服务员。我们既没有显赫的身世，也没有卓越的能力，每天所做的就是安分守己地贡献自己微薄的力量。也许，我们没有自信的筹码，但是，别忘记了，你依然是社会中的一份子，你的工作、你的事业依然跟所有人是联系在一起的。这就像是一条链子一样，若是少了其中的环，也会影响到链子本身的功能。因此，千万不要忽视自己的作用，相信自己，小卒过河胜似车。

微笑着面对自己，一切阴霾都会消散

对成功者，有人这样提问："你保持自信的秘诀是什么？"成功者笑着说："因为我有一个很好的习惯，刮完了胡子，洗完了脸，我会给镜子里的自己一个微笑，每天坚持这个习惯，令我一整天都信心十足。每次遇到了问题，我总是安慰自己，我是最棒的。"原来，对自己微笑是增强自信心最有效的方法之一，当我们内心感到自卑的时候，不妨送给自己一个微笑，你会发现，你所遇到的困难远没有你想象中那么糟糕，而你会很有信心去应付这一切。要知道，一个微笑足以让内心的自卑无所遁形。林肯曾说："多数人快乐的情形，跟他们所决心要快乐的差不多。一些打工者，他们的生活是艰苦的，但我们还是看到许多快乐的脸孔，这脸孔无异于在大城市的空调办公室里所看到的。"林肯自信的方法就是对自己微笑，于是，在多次竞选失败之后，他最终成为了美国历史上伟大的总统之一。

李嘉诚在谈到自己的经营秘诀时说："其实并没有什么特别，不过是光景好时不过分乐观，光景不好时不过度悲观。"事实上，保持乐观的心态就是一种自信，而自信的直接表现方式就是微笑。拥有自信微笑的人，他们在任何时候运气都不会太差，因为上帝眷顾那些有着生命信念的人。菲尔普斯从小就开始练习游泳，他一直告诉自己："我要做专业运动员，

我要拿奥运金牌，我要打破记录。”在北京奥运会之前，菲尔普斯曾微笑着说：“我要拿八枚金牌。”当时，有许多人都嘲笑他，但是，他最终凭着自信的微笑打破了世界记录，个人荣获了八枚金牌，也因为自信而造就了成功。

小王大学毕业后，进入了一家大公司。不过，虽然自己拿着名牌大学的毕业证，他却只得到了一个办公室文员的职位，这令小王十分苦恼。另外，由于小王不太善于表现自己，内心有着强烈的自卑感，使得自己的才能无法施展出来。过了一段时间后，小王觉得生活压力越来越大，没有丝毫精神，甚至莫名其妙地失眠了。他觉得自己心理有了问题，一个星期天，他走进了一家心理咨询中心。面对医生，小王倾诉了心中的苦闷，不过，医生并没有给他任何的劝导，而是提出一个小小的要求：“每天早晨起床后，什么都不要干，先对着镜子里的自己微笑一下。在一天的工作中，如果感到苦闷了，就找到有镜子的地方，送给自己一个微笑。”小王半信半疑，但是，还是照心理医生的话去做了。

一个星期过去了，小王又去了医院，医生问他：“感觉怎么样？情况是否有所改观？”他感慨地说：“真没想到，这个办法真的很灵验。”原来，刚开始照镜子的时候，小王被自己的样子吓了一跳：眉头紧皱，满脸沮丧，活脱脱一张苦瓜脸。虽然，以前他也会对着镜子剃须、洗脸，但那时都是面无表情，小王意识到自己好久没有认真地审视过自己了。他想着以前自己是一个快乐的小男孩，记得自己以前也是喜欢笑的，可是，当他第一次对自己微笑的时候，却发现笑容变得十分僵硬。

后来，小王开始每天对镜子里的自己微笑，他在镜子里看到了一个快乐的自己，他感到浑身的力量又回来了。他开始有意或无意地展露自己的才华，不久之后，他就被提升为部门助理。

讲述完自己的改变之后，小王有些疑惑地问医生：“请问这是什么道理呢？”医生笑着说：“你对自己微笑，其实就是在不断地给自己加油打气，微笑赶走了你内心的自卑感，你变得信心十足，因此，你的生活和工作都有了较大的改观。”听了医生的话，小王恍然大悟，同时，将“对自己微笑”作为自己的座右铭。

有人说："一个人的才能固然重要，但相信自己一定能成功的信念才是决定成败的关键因素，因为在遇到同样的挑战和失意时，自信的人和自卑的人采取的处理方式会截然不同。"提升自信心最有效的途径就是：每天出门之前，站在镜子前挺直腰板，然后，嘴角上扬，记住，一定要将最灿烂的笑容挂在脸上。从内心真正流露出来的微笑，将给予自己最强大的力量；抛弃内心的自卑，它会让你重新焕发出耀眼的风采，而这恰恰是自信的魅力。

一个成功的推销员曾说："一个面带微笑的人永远受欢迎，因为这不仅仅是友好的表现，更是自信的表现。"因此，当他在进入别人的办公室之前，他总是停下来，想一些他必须感激的事情，露出一个真诚的微笑，然后，当微笑从脸上消失的那一瞬间走进去。然而这一点，正是他成功推销保险最主要的因素之一。如果你还处于自卑之中，那么，请给自己一个微笑，让内心的自卑无所遁形，从而有效地提升自信心。

你所梦想的样子，才是真正的你

爱默生曾说："你，正如你所思。"意思就是说，你就像你所梦想的那样。简单地说，你想让自己成为什么样的人，那么，因为自信，你往往能够真的成为自己梦想中的那个人。成功者与失败者的区别就是：成功者对自己总是有一种积极的认识和评价，而失败者则恰好相反。成功者所具备的就是一种自信，那是一种巨大的精神动力，它将推动人们走向更远的地方，即使路上布满荆棘，也绝不会放弃。或许，从小到大，我们都曾梦想过自己将来会成为什么样的人，或是医生，或是明星，或是科学家。但是，在实现梦想的路途中，有的人放弃了，有的人却坚持了。选择放弃的人，他们不相信自己真的能梦想成真，于是，先打了退堂鼓。结果，那些咬牙坚持下来的人成功了，因为相信自己，所以他们成功了。

小时候，我们经常会被问到这样一个问题："将来长大了你想成为什么样的人？"那时候，我们总是满怀希望地看着远方，似乎已经看见了我们的未来。但是，真正长大后，我们会选择忘记儿时的梦想，在成长的过程中，缺乏了自信，将梦想搁浅了。其实，阻碍我们实现梦想的最大绊脚石就是内心的自卑，我们不敢相信那些梦想会成为现实，在自卑的心理下，我们否定了自己的能力与学识，让自己成为了一个内心胆怯的人。

有一天，著名的成功学家安东尼·罗宾接待了一位走投无路、风尘仆仆的流浪者。那人一进门就对安东尼说："我来这儿，是想见见这本书的作者。"说着，他从口袋里掏出了一本《自信心》，这本书是安东尼多年以前写的。安东尼微笑着请流浪者坐下，那人激动地说："是命运之神在昨天下午把这本书放入了我的口袋中，因为当时我已经决定要跳进密西根湖了此残生，我已经看破了一切，我对这个世界已经绝望。不过，当我看到了这本书，内心有了新的变化，我似乎看到了生活的希望，这本书陪伴我度过了昨天晚上，我下定了决心，只要我能见到这本书的作者，他一定能帮助我重新振作起来。现在，我来了，我想知道你能帮助我什么呢？"安东尼打量着流浪者，发现他眼神茫然、神态紧张，他已经无可救药了，但是，安东尼不忍心对他这样说。

安东尼思索了一会儿，说："虽然我没有办法帮助你，但如果你愿意的话，我可以介绍你去见本大楼的一个人，他可以帮助你东山再起，重新赢回原本属于你的一切。"听了安东尼的话，流浪者跳了起来，他抓住安东尼的手，说道："看在老天爷的份上，请你带我去见这个人！"安东尼带着他来到一间心理实验室，面对着一块看来像是挂在门口的窗帘布，安东尼将窗帘布拉开，露出一面高大的镜子，流浪者看到了自己，安东尼指着镜子说："就是这个人。在这个世界上，只有你一个人能够使你东山再起，除非你坐下来，彻底认识这个人，当你从前并不认识他，否则，你只能跳进密西根湖了。只要你有勇气来重新认识自己，你就能成为你想做的那个人。"流浪者仔细打量自己，低下头，开始哭泣起来。几天后，安东尼在街上碰到了那个人，他已经不再是一个流浪汉了，而变成了一名西装革履的绅士。后来，那个人真的东山再起，成为了芝加哥的富翁。

如果你对自己感到失望，失去了继续生活下去的希望，那么，能够挽救你的只有一个人，那就是你自己。不要总希望上帝会来救赎你，也不要总认为自己被所有人抛弃了。其实，这个世界并没有抛弃你，除非你自己抛弃了自己。当生活遭遇了不幸，我们所能够做的就是相信自己，一步步向自己的梦想前进。你，正如你所思。

安妮是大学艺术团的歌剧演员，她有一个梦想：大学毕业后，先去欧洲旅游一年，然后要在纽约百老汇占有一席之地。

有一天，老师找到安妮说："你今天去百老汇跟毕业后去有什么差别？"她仔细一想，说："是呀，大学生活并不能帮我争取到去百老汇工作的机会。"于是，她决定一年后去百老汇闯荡，老师感到不解："你现在去跟一年以后去有什么不同？"她想了一会儿，对老师说："我决定下学期就出发。"老师紧紧追问："你下学期去跟今天去，有什么不一样呢？"她有点眩晕了，她决定下个月就去百老汇。老师继续追问："一个月以后去跟今天去有什么不同？"她激动不已，说："给我一个星期的时间准备一下，就出发。"老师步步紧逼："所有的生活用品在百老汇都能买到，你一个星期以后去和今天去有什么差别？"她激动地说："好，我明天就去。"老师点点头："我已经帮你预定了明天的机票。"

第二天，她真的到了百老汇，自信满满的她由于出色的表演而得到了导演的青睐。就这样，她成为了自己所梦想的百老汇明星。

她实现了自己的梦想，如愿以偿成为了百老汇的一名演员。生活中的我们并不是缺少梦想，而是缺乏追逐梦想的信心和勇气。实现梦想需要自信，需要勇敢地拼搏，这样我们才能成为梦想中的那个人。如果在追逐梦想的过程中，仅仅因为内心的怯懦和自卑而选择放弃，那你永远也没有办法实现自己的梦想。要记住这样一句话：你，正如你所思。在这个世界上，没有谁能够阻止你踏上梦想之旅，除了你自己。

第8章 战胜胆怯：挣脱束缚享受没有禁锢的精彩

胆怯是一种影响心智的疾患，在面对机会的时候，胆怯往往使人止步不前，同时也让机会乘隙溜走。内心胆怯的人缺乏肩负责任的勇气，他没有能力担任任何重要职位；内心胆怯的人总是把今天能做的事情推到明天，而“明日何其多”。但是，在任何时代，永远都是无畏者胜。所以，要战胜内心的胆怯，挣脱束缚，享受没有禁锢的精彩。

跳出框框，别被固有的思想禁锢住

无论我们做什么事情，如果总是在别人用过的套路中打转转，那只会束缚自己的思维。这时你应该做的，就是跳出框框，别被固有的思想禁锢住。当经验在大脑里越积越多，甚至形成一种思维定式的时候，人们总习惯用自己的价值标准和思维模式来评判事物，其实，这就是所谓的“思想僵化”。通常情况下，越是在机遇面前，一个人的心理越是趋于保守，他就越容易陷入这样的困境，他就很难去做任何事情。生活在这个变幻莫测的时代，如逆水行舟，不进则退。如果你不愿意创新自己的思想，总有一天，你将会被这个社会所淘汰。

匈牙利人在20世纪40年代发明了圆珠笔，由于这种笔易于书写和便于携带，所以一经问世便风靡全球。可好景不长，这种圆珠笔在使用一段时间后，就会出现漏油的现象，会弄脏纸张及衣袋。

对此，圆珠笔发明者及很多研究圆珠笔的人对于漏油问题都反复进行了深入的研究，他们发现：在书写时笔珠受到磨损，墨油就从磨损部位流出来。他们将注意力一直集中在笔珠的研究上，拼命提高笔珠的耐磨性。当他们把笔珠的耐磨性改善后，笔珠与笔杆接触的耐磨问题又冒出来了。

而日本人中田藤三郎却发现了其中的奥秘。在他看来，圆珠笔是个很有发展前途的商品，假如能改进它的漏油问题，将会获得比圆珠笔的发明者更多的财富。他仔细分析了圆珠笔的结构及出毛病的原因，也总结了许多人对解决漏油问题的失败经验。最后，他采取逆向思维，获得了防止圆

珠笔漏油的方法。

他的方法很简单：通过反复试验，统计当圆珠笔写到多少字后就漏油，在掌握这个数字的基础上，他着手把笔芯的装油量减少，使之在圆珠笔磨损开始漏油之前就用完，这样，再也无油可漏了。笔芯的油用完了，可换支笔芯，圆珠笔可继续使用。

在解决圆珠笔漏油的问题上，中田藤三郎并没有被固有思维的框框套住，而是采取逆向思维，因而巧妙地解决了难题。人和动物最根本的区别在于有思想，能进行思维活动，但是，思想也是需要推陈出新、不断更新的。否则，总是被固有的陈旧思想束缚，只会一事无成。

在美国纽约街头，有一位卖气球的小贩，每次当自己的生意不怎么好的时候，他就会使用这样的方法：向天空放飞几只气球。这样一来，就会吸引一些小朋友来围观，自己的生意又会好起来，那些被气球吸引过来的小朋友都争着买他的色彩绚丽的气球。

有一天，当他向空中放飞几只气球的时候，发现在一大群围观的孩子中间，有一个黑肤色小孩，他用一种疑惑的眼神看着天空。小贩很奇怪，他在看什么呢？顺着黑肤色孩子的眼光看去，发现空中正飘着一只黑色的气球。这只黑色气球是否代表着自己呢？

小贩走上前去，用手轻轻地抚摸着黑肤色孩子的头，微笑着说："孩子，黑色气球能不能飞上天，在于它心中有没有想飞的那一口气，如果这口气够足，那它一定能飞上天空。"

在当时的美国，种族歧视十分严重，黑肤色在美国社会根本没有什么地位。难道黑肤色人就真的没有办法像黑气球一样飞上天空吗？或许，在几百年前，美国白色人种不会相信有一天黑肤色人也会坐上总统的位置，那是固有的思想。但是，在今天，相信所有的美国人都知道，黑肤色人种一样可以很好地统治美利坚合众国。当然，几百年来，无数的黑人并没有被固有的思想所束缚，他们一直在努力，终于，跳出了框框，而奥巴马则成为美国第一任黑肤色人总统。

成功者说："财富是想出来的。"其实，一个人要想成功，不仅仅要养成思考的好习惯，还需要不断地创新自己的思想。开阔思路，扩展思

维，这样，你才能更大限度地获取有益的信息，从而促成自己取得辉煌的成就。对于那些敢于冲破固有思想的人来说，他们永远不会跟随众人的固有思维模式，而是会独辟蹊径，那是他们身上的一种特质。新思想是击破思维定式的有效武器，无论是在思考的开始，还是在其他某个环节上，当我们的思考活动遭遇了障碍，陷入了某种困境难以再继续下去的时候，就需要思考一下：自己的头脑是否被固有思想所束缚，自己是否被某种思维定式捆住了手脚?

大方做事，不必过分谨小慎微

在生活中，我们一贯主张“谨慎做事”，这本来是一则很重要的做事准则。但是，凡事都有两面性，优点和缺点会互相转化。做事谨慎是好事，但是，如果一个人做事过于谨小慎微，就会使自己的胆子越来越小，只能眼睁睁地看着机会从眼皮底下大摇大摆地溜走。很多时候，需要大方做事，换句话说，就是做事时要有一股闯劲，不能畏首畏尾，否则只会误了大事。如果在做任何一件事情时，你都前前后后计算多次才去做，那么，恐怕机会早就被别人抢走了。

而且，做事太过于谨小慎微往往会出差错、惹麻烦。一件事情，如果想好了就应放开手去做，凭着一股闯劲，在做事情的过程中，你可能会克服困难，取得成功。但是，如果你太留心这件事，即便你最初很执著、很用心，却因为你做事太谨慎、太计较，就很容易出错，惹来一些不必要的麻烦。在生活中，许多人一遇到事情就如临大敌，左思右想，反反复复考虑某些问题。其实，当你在谨慎策划的时候，别人很可能已经捷足先登了。因此，做事应大方，想好了就去做，战胜内心的胆怯，千万不要畏首畏首，过分谨小慎微只会让你错失良机。

三国时期，司马懿极具军事才能，但是，由于他做事太过于谨小慎

微，竟中了诸葛亮的“空城计”。

街亭失掉后，魏将司马懿乘势引大军十五万向诸葛亮所在的西城蜂拥而来。但是，诸葛亮身边没有大将，只有一班文官，所带领的五千军队，也有一半人去运粮草了，只剩下两千五百名士兵在城里。众军听到司马懿带兵前来的消息都大惊失色。诸葛亮登城楼观望后，对众军说：“大家不要惊慌，我略用计策，便可教司马懿退兵。”

于是，诸葛亮传令，将所有的旌旗都藏起来，士兵原地不动，如果有私自外出以及大声喧哗者，立即斩首。同时，让士兵把四个城门打开，每个城门之上派二十名士兵扮成百姓模样，洒水扫街。而诸葛亮本人则批上鹤氅，戴上高高的纶巾，在望敌楼前凭栏坐下，慢慢弹起琴来。

司马懿的先头部队带来城下，见到这种气势，不敢轻易入城，便急忙返回报告司马懿。司马懿听了，哈哈大笑：“这怎么可能？”于是，他亲自前往观看，看到此般情景，疑惑不已。做事一向谨小慎微的他不敢贸然闯入，只好下令军队撤退。

后来，司马昭说：“莫非是诸葛亮家中无兵，所以故意弄出这个样子来？父亲您为什么要退兵呢？”司马懿说：“诸葛亮一生谨慎，不曾冒险，现在城门大开，里面必有埋伏，我军如果进去，正好中了他们的计，还是快快撤退吧！”

等到各路军马都撤退以后，诸葛亮的士兵问道：“司马懿乃魏之名将，今统十五万精兵到此，见了丞相，便速退去，何也？”诸葛亮说：“兵法云，知己知彼，百战不殆。如果是司马昭和曹操的话，我是绝对不敢施此计的。”

诸葛亮说的这番话，其实是意指司马懿本身是一个做事谨小慎微的人，他从来不打没有把握的仗。一旦他觉得前面有埋伏，就会选择撤退，而诸葛亮恰恰算准了他这样的心理。虽然，谨小慎微让司马懿做成了不少成功的事情，但在“空城计”里，他却偏偏因过分谨慎而中计了。

每个人都有自己的追求，或金钱，或名望，或权利，或爱情，或崇高的理想信念，等等。不同的是，有的人在欲望的驱动下一往无前并成功了，而大多数人面临的，不是止步不前就是难堪的失败，这是为什么呢？

当我们观察那些所谓的成功人士的时候，你会发现他们身上有一个共同点——敢想敢做。当我们有一个好的想法，或当我们面临一项艰巨的任务时，不要畏惧，而是要迅速行动起来。瞻前顾后，谨小慎微，只会给你带来恐惧，而一旦行动起来，就可以随时调整，最终成大事。

在生活中，许多做事太小心的人，他们一辈子都活在胆怯中，有了好的机会，瞻前顾后；有了好的事情，不敢上前，畏首畏尾。结果，一直到生命终结的那一天，他们还是很胆怯，在他们的一生中，可能没做成一件大事。而做大事者，应该没有任何束缚，也没有任何禁锢，他们乐得轻松，不胆怯，不犹豫，大方做事。

承担责任，充满魄力让你神采奕奕

爱默生说：“责任具有至高无上的价值，它是一种伟大的品格，在所有价值中处于最高的位置。”如果你想要更出色，就不要害怕承担责任，因为责任是你走向成功的起点，责任是超越自我的必要条件，责任往往能成就一个人。无论做什么事情，只要认真地、勇敢地担起责任，你就能得到别人的尊重。在生活中，每个人都扮演着不同的角色，而每种角色又承担着不同的责任，我们最大的成功就是完成自己的责任。因为内心的责任感会让我们在困难时咬牙坚持下去，在成功时保持清醒的头脑，在绝望时坚决不放弃。承担责任，在某些时候，并不单单是为了自己，也是为了别人。

在生活中，有许多人习惯寻找各种理由为自己没有完成的事情找借口，以推卸责任，他们将本该自己承担的责任转嫁给他人。试想，一个逃避困难、不敢承担责任的人，势必缺乏做事的能力和魄力，没有人会相信他能做好事情。在做事的过程中，放弃责任就等于放弃了成功的机会，因为强烈的责任感能激发一个人的潜能。我们经常可以看见这样一

些人，他们缺乏最基本的责任感，当有人强迫他们工作的时候，他们才勉强应付。这样，他们又怎么会发挥出自己的潜能，怎么会有自己的魄力呢？

有一个小姑娘到东京帝国酒店做服务员，这是她进入社会的第一份工作。但是，让她万万没有想到的是上司会安排她去洗厕所。而且，上司对她的工作要求很高：必须把马桶抹洗得光洁如新！

怎么办呢？是接受这份工作，还是另谋职业？小姑娘陷入了矛盾之中，这时，一位曾洗厕所的先辈不声不响为她做了示范，当他把马桶洗得光洁如新的时候，他竟然从中舀了一勺喝了下去。看到对方的工作态度，小姑娘明白了什么是工作，什么是责任。

于是，她漂亮地迈出了职业生涯的第一步，同时，也踏上了成功之路。后来，她所清洗的厕所，从来都是光洁如新，而且，她也不止一次喝过马桶里的水。几十年过去了，她现在已经是日本政府的邮政大臣了，她就是野田圣子。

在生活中，惧怕承担责任的人屡见不鲜，但是，逃避责任却是一件不光彩的事情。那些不敢于承担责任的人，他们往往打着这样的借口："这不是我的错"、"我不是故意的"、"本来不会这样的，都怪……"、"这不是我做的事情"，等等。其实，这些都是他们逃避责任的借口。只是，当他们成功地推卸责任的同时，他们也失去了做事应有的魄力。因为，一个敢于承担责任的人，总是充满着魄力，浑身洋溢着无尽的神采。

阿基勃特是美国标准石油公司的一名小职员，他平日待人很诚恳，工作十分努力，但是，他给人印象最深刻的还是那个绰号——每桶四美元先生。

原来，阿基勃特每次出差住旅店的时候，他总是会在自己签名的下方，认真地写上这样一行字"标准石油每桶四美元"。而在平日来往的书信和各种收据上，只要是他的签名，他也一定会写上那句话。时间长了，同事不再叫他阿基勃特先生，而是称他为"每桶四美元"先生了。

有一天，这件事情被公司上层知道了，就连公司当时的董事长洛克菲勒也听说了这件事。洛克菲勒很惊奇地说："本公司竟然有这样的职员，他无时无刻不在宣传公司的产品，我一定要见见他。"于是，他热情地邀请了"每桶四美元"先生共进晚餐。

后来，洛克菲勒董事长卸任，"每桶四美元"先生，也就是阿基勃特先生成为了标准石油公司的董事长。

其实，签名的事是标准石油公司任何一名员工都能做的事情，但是，却只有阿基勃特做到了。或许，在当初嘲笑他的人中，肯定有不少有才有志的人；但是，因为缺乏"每桶四美元"先生的那么一点责任感，到最后，只有阿基勃特成为了董事长的接班人。

责任使人进步，逃避使人退步。一个优秀、有魄力的人，应该怀有很高的责任感。对自己负责，对自己所做的一切负责任，无论那些事情是对还是错。但是，在现实生活中，敢于承担责任的人早已经微乎其微。在一个严重错误发生之后，大多数人会为自己找借口，或者把责任推到相关人的身上，因为害怕自己承担的后果，他们选择了逃避责任、推卸责任。但是，在任何年代，那些敢于承担责任的人都是勇敢的、无私的，责任成为了他们不断前进的动力。

"比较心"会将你拖累，学会做自己

科南特说："垃圾是放错了位置的财宝，对哈佛大学来说，重要的不是出了7位总统和30多位诺贝尔奖获得者，而是让进哈佛的每一颗金子都发光。"其实，每个人都是独一无二的，你可能就是那一颗等待发现的金子。不过，在现实生活中，多少人却为"比较心"所拖累。他们处处与人比较，总觉得自己不如别人优秀，将自己禁锢在一个小角落，不能大展拳脚，最终难成大事。事实上，对于每一个人来说，命运是公平的，每个人都有自己的价值，这是不容置疑的。为什么不尝试着做自己呢？"比较

心”只会给我们带来失落、沮丧、嫉妒，更严重的是，比较之后，自己会变得胆小、不自信，开始质疑自己的能力，甚至还会变得自暴自弃。

每个人都梦想着成为最优秀的那一个，事实上，我们真的可以成为那样的人。在这个世界上，没有谁能够禁锢自己，只有你自己。如果你自己总是怀着“比较心”，时时怀疑自己，那么，你的能力永远没有办法施展出来。如果你总是习惯与别人比较，胆小怕事，不敢相信自己，逐渐忽略自己、迷失自己，或许，未来的你将会一事无成，而且，有可能你的余生将在烦恼和抱怨中度过。

一位学者到了风烛残年的时候，感觉自己的日子已经不多了，他想考验和点化一下自己那位看起来很不错的助手。于是，他把助手叫到床前说：“我需要一位最优秀的传承者，他不但要有相当的智慧，还必须有满满的信心和非凡的勇气……这样的人直到目前我还没有见到，你帮我寻找和发掘出一位，好吗？”助手坚定地回答说：“好的，好的，我一定竭尽全力去寻找，不辜负您的栽培和信任。”

于是，这位助手就开始想尽一切办法来为老师寻找继承人，然而，每次他领来的人都被学者婉言谢绝了。有一次，已经病入膏肓的学者挣扎着坐起来，拍着助手的肩膀说：“真是辛苦你了，不过，你找来的那些人，其实还不如你……”半年之后，眼看学者就要告别人世，但最优秀的人还是没有找到，助手十分惭愧，泪流满面地对老师说：“我真对不起您，令您失望了！”学者叹息着说道：“失望的是我，对不起的却是你自己……本来最优秀的人就是你自己，只是你太胆怯了，不敢相信自己，总是与他人相比较，才把自己给忽略、耽误、丢失了……其实，每个人都是最优秀的，差别就在于如何认识自己、如何挖掘和重用自己……”话还没有说完，学者就永远离开了这个世界，而那位助手一辈子都活在了深深的自责之中，因为他辜负了老师的期望。

有的人明明颇有才华，但因为内心的胆怯，他们不敢相信自己就是最好的。他们缺乏对自己应有的自信，而他们认为找回自信的途径就是不断地与他人比较，殊不知，越比较越觉得自己一无是处。这个过程中，他们就像在给自己作茧子一样，自己把自己禁锢在一个狭小的空间，让自己的

才华不得施展。

约翰上中学的时候，成绩中等，但是，他最大的特点就是喜欢与同学比较成绩。结果，本来成绩还可以的他，在经过一番“比较”之后越来越差。最后，老师只好对他说：“你已经无可救药了。”身边的同学也看不起他，约翰感到十分沮丧，他觉得自己这辈子也不会有什么出息了。

有一天，老师在班里兴奋地宣布，将有一位著名的学者到班上做实验。约翰心想，这和我有什么关系呢？不过，约翰从同学那里了解到，这位学者是研究人才心理学的，据说他有一台神奇的仪器，能预测出谁未来会获得成功。约翰有点生气，心想：这和我更没有关系，我成绩这么差，班里成绩比我优秀的人太多了。想着，约翰干脆出门玩去了。

在同学们殷切的期盼中，著名学者终于来了，老师神秘地点了5个同学的名字，其中包括约翰。约翰感到十分紧张：难道自己又要受批评？来到了办公室，那位著名的学者讲话了：“孩子们，我仔细研究你们的档案和家庭以及现在的学习情况，我认为你们5个人将来会成大器的，好好努力吧。”约翰感到一阵眩晕，以为自己听错了，可是，看着在场人的表情，约翰知道这是真的。原来自己并不是最差的，自己与那些成绩优秀的人是一样的，约翰的成绩很快就上来了，再也没有人说他是无可救药了。

在平常的学习生活中，约翰常常与那些所谓的尖子生比较，结果，越比较越泄气，内心的怨气让他开始“破罐子破摔”，他自然而然地将自己划入“失败者”这一行列，而这样的结论正是在长期的比较中得出来的。

比较的根源是内心胆怯、不自信，因为不自信、缺乏勇气，所以才想通过比较来找回自信和勇气。可是，大多数人在比较中不仅没能找回自信，反而变得更自卑、更胆小。其实，在比较的过程中，热衷于玩比较游戏的人最累，他总是在焦虑着、担心着，到最后绝望着、无奈着。事实上，只要你做好自己，抛去心中的比较思想，你一样可以成为别人嫉妒、羡慕的对象。

不惧陌生，在适应中体味快乐

一个人总是要看陌生的风景，结识陌生的人，甚至，生活在一个陌生的环境里。因为这个世界是变幻莫测的，如果我们固执地待在原点，那么，我们将不能适应这个世界的变化，并会逐渐被这个世界所淘汰。当然，对于大多数人来说，他们更喜欢接触熟悉的人和事，因为熟悉，少了内心的那份恐惧。而在陌生的人和事面前，人们往往会乱了阵脚，多几分胆怯，他们不知道自己该说什么话，该做什么事情，甚至，他们根本不知道自己应该把手放在哪里才好。既然，陌生的风景、陌生的人、陌生的环境是我们无法拒绝的，为什么不尝试着去慢慢接受呢？其实，人生就是在适应中体味快乐的历程，我们又何苦惧怕陌生呢。

“陌生”这个词儿常常会唤起人们内心的胆怯，他们害怕去接触陌生，更害怕自己从一个熟悉的环境到一个全新的环境。其实，这样的心理是可以理解的，从陌生到熟悉，需要一个漫长的过程中。但是，如果你换一个角度，就会发现，所谓的“陌生”其实就相当于一个新奇的探索之旅。在陌生的环境里，你会结识新的朋友、新的同事；你会有一间跟以前全然不同的房间。或许，你早就厌倦了之前的摆设，趁着这个机会不是可以重新装饰吗？你会有一种新的生活方式，以前那循规蹈矩的生活你早就厌倦了，为什么不趁着这个机会改变呢？在适应陌生的过程中，其实你一直都能体味到那种“新奇”的快乐，因为一切的一切对于你来说都是未知的、新鲜的，自然也是其乐无穷的。

成功大师拿破仑·希尔曾讲述了这样一个故事：

一位将军去沙漠参加军事演习，妻子塞尔玛需要随军驻扎在陆军基地里。沙漠干燥高热的气候和全然陌生的环境，令塞尔玛感到很难受，而身边又没有可以倾诉的人，陷于孤独的塞尔玛经常给父亲写信，在信中透露出自己想回家的强烈愿望。然而，拆开父亲的回信，只有短短的两行字：

"两个人从牢中的铁窗望出去，一个看到泥土，一个却看到了星星。"父亲的回信令塞尔玛十分惭愧，她决定要在沙漠里寻找星星。

从此以后，塞尔玛开始与当地人交朋友，彼此之间互相赠送礼品，闲来无事，她开始研究沙漠里的仙人掌、海螺壳。慢慢地，她迷上了这里，通过亲身的经历，她还写了一本书《快乐的城堡》。

沙漠并没有改变，当地的印第安人也没有改变，是什么使塞尔玛的生活发生了巨大的变化呢？心态，当然是心态。以前惧怕陌生的塞尔玛看到的只是泥土，但是，当这样的心态发生变化之后，她开始慢慢适应这个陌生的环境，并在适应中追寻到了快乐，甚至，她在沙漠里找到了星星。

王先生热衷于结交朋友，而他最擅长的就是与陌生人打交道。有朋友问他："面对陌生人，你不害怕吗？"

王先生哈哈大笑，回答说："我这个人可从来不提倡'不要和陌生人说话'，相反，我觉得与陌生人聊天乃是人生的一大乐趣。前不久我回老家，坐在拥挤的大巴车里，人们用熟悉的乡音聊天，一位年逾70的老大爷跟我们讲了他参加革命的故事，我就特别喜欢，时而询问两句，看着他那颤动的皱纹，我觉得自己又多了一个陌生的朋友。虽然，下车后，我们各奔东西，可能以后都不会见面了，但是，他所讲述的那些故事，以及他这个人，都有可能会成为我讲给别人的故事。至今我仍记得，我曾跟这样一位陌生的大爷在一辆拥挤的大巴车上热情地聊天。"

朋友笑了，问道："也难怪你为什么能说那么多好听的故事，不认识你的人还以为你经历了很多事情呢？"王先生笑着说："其实，那些故事都是来源于陌生人。人们常说要'行万里路'，事实上，我与那些不同的人打交道，听不同的故事，认识不同的人，又何尝不是行万里路呢？所以，对于我来说，比起那些熟悉的朋友，我有时候更愿意接触陌生人。"

与陌生人结识其实就是一段新奇的旅程，在这段旅程里，你会结识不同的人，会了解他的秉性、长相、说话方式，以及发生在他身上的故事。其实，在这个世界上，对我们来说并没有什么完全陌生的东西，因为一切陌生的事情都会慢慢地变得熟悉起来。那熟悉的过程，事实上就是体味快

乐的过程。有时候，快乐就是如此简单，比如听别人的故事。

别怕改变，人生要乐于接纳新鲜生活

在这个世界上，并没有一成不变的事情，无时无刻，这个世界都在发生着巨大的变化。但是，改变将会引起人们内心的恐惧，事实上，几乎所有的改变都会导致恐惧，不管是好的改变，还是坏的改变，都会唤起人们内心的恐惧。有人临近结婚，可能会陷入恐慌：如果爱情无法天长地久怎么办？如果自己选错了伴侣怎么办？有人想换一份新的工作，但他马上会惶恐不安：如果自己不能胜任新工作怎么办？如果公司没办法兑现求职时的承诺怎么办？甚至，有的人想改变自己的发型，他也会担忧不已：万一新发型看起来很糟糕怎么办？如果自己因此而变得不漂亮怎么办？似乎这些听起来很可笑，但事实就是如此，改变常常令我们感到局促不安。

王太太嫁给了一个地产大户，因为王太太家里相中了对方家里的财势。第一次去对方家，她看着旋转的大厅，以及宽阔的大花园，心里觉得没什么好拒绝的。于是，婚事就这样答应了下来。

结婚后，王太太过着衣食无忧的阔太太生活，老公整天忙着工作，她无聊就约上几个朋友打麻将，或者飞到香港去购物。她常常会想：如果失去了这样的生活，自己该怎么办？当然，王太太的担心并不是毫无理由的。最近，楼市跌得厉害，许多房产大户都成了穷人家。就好比经常与自己一起打麻将的张太太，去年房市低迷，他们硬是没熬过来，现在一家人挤在几十平米的出租房里。每次打电话，张太太就哭："这日子是没法过了。"

没想到，过了不久，这样的猜想竟成为了事实。王先生投资失败，不仅血本无归，而且还欠了几十万的债。王太太还没来得及看一眼后花园，

就坐着一辆破旧的面包车走了。搬家后，他们租了房子，王先生的家人凑钱还了债，王先生和太太都开始了工作。

上班、煮饭、洗衣服、一个人带孩子，这些事情，王太太连想都没想就做了。此外，她发现自己的老公除了会赚钱以外，还会炒菜、煮饭，还会逗着孩子开心。以前他太忙，两个人几乎没好好地在一起生活，现在这样的日子挺好的。王太太想起以前总害怕改变自己的生活，但是，真的变了，她却发现没什么不好，失去了物质上的富足，却找回了久违的家的温暖。

上帝在关上一扇门的同时，会为你打开另一扇门。当我们过着熟悉的生活的时候，总是害怕会被改变。但是，许多灾难、横祸是无法避免的，唯有改变我们的心态，克服我们内心的胆怯。不要去在乎自己失去了什么，哪怕是工作、房子，无论我们的生活发生了怎样的巨变，我们都可以从头开始自己的人生，甚至你会重新迈上新的高度。

惠普中国区首席财政官韩颖说："好的设想常常被扼杀在摇篮里，但这绝对不是你变得平庸的真正原因，永远不要害怕改变，改变里就有契机。"

当年，韩颖离开了自己工作9年的海洋石油公司，正式加入惠普公司，在财务部工作。那年，她34岁，面对周围朋友的异议，她说："人生什么时候改变都不会晚。"

在20世纪80年代末期，惠普公司的员工还没有工资卡，每次发工资都是手动完成。300多人的工资，又没有百元大钞，韩颖必须得一一核实，经常数钱数得头都晕了。无意中经过公司附近的一家银行，韩颖灵光一现，为什么不给员工开户，让员工凭着折子领取工资呢。

说做就做，她兴奋地告诉大家以后领工资不用去排队等候了，直接拿着折子就可以去银行领取了。但是，事情并不顺利，先是员工有抵触情绪，继而，上级领导又把韩颖批评了一顿。回到财务部，韩颖努力忍住自己的眼泪，难道自己真的错了吗？

正在这时，公司的上层领导听说了这事，肯定地赞扬了她："你改写了公司手工发工资的历史，这种勇气和创新精神非常值得嘉奖！"

改变，它本身带着一种破坏性，意味着你将破坏以前固有的东西，而重新去接纳一种新的东西。几乎所有的改变都具有破坏性，即使是好的改变。但是，在生活中，许多事情都是需要改变的，且是不容拒绝的。或许，人的心理就是这样矛盾，不变让人厌烦至极，而改变却让人局促不安。通常情况下，那些熟悉的、不变的事情总会让我们感到心安。有人说："生命开始于舒适地带的尽头。"无论改变本身会带给我们怎样的不安，但是，我们必须记住：生活中的改变只是一个开始，而并不是一个结束。不要害怕改变，因为人生的乐趣就在于接纳新的生活。

第9章 控制心绪：摒弃浮躁享受惬意

世界如此美妙。有让人心驰神往的风景名胜，有让人垂涎欲滴的佳肴美食，有让人心情愉悦的书籍音乐，有让人温暖幸福的爱情友情。面对这美好的事物，你忍心让自己的嫉妒、暴躁、生气这些不良情绪毁掉它吗？要有一颗淡泊宁静的心，用它来享受这美妙的一切，此中真谛，正如《菜根谭》中有所说：“此身常放在闲处，荣辱得失谁能差遣我；此身常在静处，是非厉害谁能瞒昧我。”

过滤浮躁，做优雅有修养的人

一个人可以没有漂亮的外貌，也可以没有显赫的家世，甚至没有优雅的气质，但一定要有良好的修养，这是一个人立足于世的根本。要想成为一个有修养的人，首先要戒掉浮躁之气。现在，请你认真思考一分钟，想想自己现在的生活是怎样的。你是不是常常心不在焉，常常坐卧不宁，常常没有耐心做完一件事，常常计较自己的得失，常常感到身心疲惫，常常急于成功……你到底是怎么了？其实原因很简单——太浮躁了。

有修养的人给人的感觉是沉稳、含蓄的，她们的心态犹如打太极拳时那般心平气和、不急不躁。其实，自古以来，中国人都在劝诫戒骄戒躁。《论语》说："欲速则不达，见小利则大事不成。"还有"小不忍，则乱大谋"、"三思而后行"，等等。如今，中国经济正在高速发展，物质水平不断提高，人的心态和处世态度本应该继承古人所倡导的沉稳，然而，不少人似乎少了耐心，多了急躁；少了冷静，多了盲目；少了脚踏实地，多了急于求成。

浮躁是一种情绪，一种并不可取的生活态度。人浮躁了，会终日处在又忙又烦的应急状态中，脾气会暴躁，神经会紧绷，长久下来，会被生活的急流所挟持。做个有修养的人，则要心存高远，更要脚踏实地，这个道理并不难懂。

我们所处的世界——车水马龙、霓红闪烁、别墅洋楼、鱼翅燕窝……在这样一个充满诱惑的时代，面对这一切，人便不能自已地浮躁起来。似乎你什么都想得到，似乎这些在你心中是最美的。但你的心灵呢？

我们应该让它安静下来，还它最初的美丽。

我们不妨来看看下面的这则故事。

三伏天，禅院的草地枯黄了一大片。

“快撒些草籽吧，好难看啊。”徒弟说。

“等天凉了，”师傅挥挥手，“随时。”

中秋，师傅买了一大包草籽，叫徒弟去播种。秋风突起，草籽飘舞，“不好，许多草籽被吹飞了。”小和尚喊。

“没关系，吹去者多半中空，落下来也不会发芽，”师傅说，“随性。”

撒完草籽，几只小鸟即来啄食，小和尚又急了。“没关系，草籽本来就准备多了，吃不完，”师傅继续翻着经书，“随遇。”

半夜一场大雨，弟子冲进禅房：“这下完了，草籽被冲走了。”

“冲到哪儿，就在哪儿发芽，”师傅正在打坐，眼皮抬都没抬，“随缘。”

半个多月过去了，光秃秃的禅院长出青苗，一些未播种草籽之院角也泛出绿意，弟子高兴得直拍手。师傅站在禅房前，点点头：“随喜。”

在这个故事中，徒弟的心态是浮躁的，常常为事物的表象所左右，而师傅的平常心看似随意，其实却是洞察了世间玄机后的豁然开朗。师傅不急不躁，能保持一种淡然的心态，就能清晰地看到事物内部存在的相互间的因果关系。做到“天理自乍见时充拓，如磨陈镜，光彩渐增”。反之，则成了“惮其难，而稍为退步”。最后请记住：浮躁是人生最大的敌人，无论你是要获取幸福快乐，还是要获取成功，都必须要拭除去心灵深处的浮躁。

有良好修养的人懂得宽恕和包容，一个懂得宽恕的人是个心态平和的人，也是一个能抓住幸福的人。反之，则会心浮气躁，自寻烦恼；喜怒无常，患得患失；这山望着那山高，静不下心来。也会耐不住寂寞，稍不如意就轻言放弃，从来不肯为一件事倾尽全力等。比如看书，书在眼前像梦境一样凌乱难懂，即使强迫自己看下去，意识也只是在字面上一掠而过，什么也没记住，心思根本不在书上。也就是说，只是具备了一个看书的姿

态和形式，实际效果其实等于零。浮躁往往会使你烦躁难耐，任何事情都会让你大动干戈。好事来了，往往会兴奋得难以自制，甚至得意忘形。但如果有坏事光临，便会立刻如坠入万丈深渊，痛不欲生，仿佛世界末日来临一样。“人不可理喻”，“蛮不讲理”等标签会贴在一个没有修养的人身上，事实上，它们都是由浮躁情绪衍生出来的。

如果你的日常生活已经被浮躁情绪所困扰，有一个很简单但有效的方法能克服它，那就是两个字——认真。如果我们能安下心来认真做一件事情，就没有做不好的。我们做事情很多时候都是半途而废，在开始的时候是一腔热血，然后是热情消退，最后是完全放弃。是什么原因让我们放弃呢？是浮躁的心理，是急于求成、不愿面对困难的浮躁心理。我们总是想着事情的最后成果，急于看到我们所做的工作的成果，而这些却不是一天两天能看得出来的，所以我们就觉得这些工作是没有意义的，于是选择了放弃。

如果能够坚持，真正地静下心来，认真地去学习、工作，我们就会得到更多的收获。只有拭去心灵深处的浮躁，才能找到幸福和快乐，那么，幸福和快乐在哪里？幸福和快乐其实就在人的心里。只要你愿意，随时都可以支取。很多时候，我们都亟须在心中添把火，以燃起某些希望；而另外很多时候，我们又都亟须在心中洒点水，以浇灭某些欲望。这时，你会感觉到，其实我们很幸福、快乐。

及时熄灭怒火才能安享人生

人怒气冲冲时会做些什么？把理性消费抛到脑后奔向商场疯狂购物、把无辜的男朋友当做出气筒朝他乱吼一通，或者在减肥大计快要看到曙光时却开始无节制进食？的确，这种为图一时痛快而失去理智的行为让你的觉得怒气得到了释放。不过，发泄之后呢？你很可能要为后半个月捉

“金”见肘的日子发愁，可能担心男朋友受不了你的坏脾气而分手，或者因又一次减肥失败而懊恼不已。造成这些不良后果的原因只有一个：怒气让人失去了理智。

人的怒气有时如滚滚波涛，来势汹汹。虽然适当的情绪释放是必要的，但控制不好就会泛滥成灾，这时就需要修筑堤坝来防止泛滥，这条堤坝就是理智。理智可以使人爱之有度、乐之有限、怒之有时、哀之有节。人是要有理智的，要学会“制怒”，控制自己的情绪。

快要下班的时候，赵颖和同事晓露因为工作上的事发生了一些争执。两人谁也没说服谁，最后闹得很不愉快。回到家，赵颖仍然怒气未消。

吃过晚饭后，赵颖打开电脑，发现晓露给她发了一封邮件。赵颖心里疑惑，白天才跟她闹翻，怎么这么快就给我发邮件？况且有什么事情，不能在办公室里说呢？不过她还是忍不住打开了邮件。

她轻轻地点击了一下附件，只听见“砰”的一声响，电脑屏幕上出现了一堆什么也看不清的乱码和马赛克现象，乱码上还有一些大红的色彩。除了这些，别的就什么都没有了。

这封邮件彻底激怒了赵颖。赵颖认定晓露利用邮件给她传了一个电脑病毒，于是立刻拨通了晓露的电话。

“喂！晓露，你太过分了！居然给我发病毒攻击我的电脑！我们只是工作上起了一些争执，没想到你的报复心理这么强！”电话刚一接通，赵颖就劈头盖脸地朝晓露吼起来。

“……”晓露并没作声。

“怎么不说话？是不是觉得理亏不敢承认了？”赵颖接着质问晓露。

“呵呵……”晓露轻声笑了下。

“你觉得这样很开心？！”听到晓露的笑声，赵颖更加生气。

“赵颖，你是一个很好的工作伙伴，但就是太容易发火了。你看看你电脑屏幕右下角那行绿色的小字。”晓露平静地说。

赵颖看了下电脑屏幕，果然如晓露所说有行小字，写着“请退后两步，再看这封邮件”。赵颖按照提示向后退了两步，发现刚才的那些乱码已经变成了清晰的“抱歉”两个字，而那些大红的色彩，也变成了一颗温

暖的心。此时，赵颖终于明白晓露的用意：她是在用心向自己道歉！此时，赵颖不由得为自己刚才因为生气而一时失去理智的行为感到惭愧。

平静后的赵颖很感谢晓露让她意识到了自己的缺点，并向晓露表达了歉意。在后来的工作中，赵颖和晓露消除了心中的隔阂，成了公司里最出色的黄金搭档。

从赵颖的邮件事件中，我们应该明白一个道理：人丧失理智的时候，不能被正常的思维所控制，头脑中已不存在正常人应有的理性。理智是靠大脑控制的，大脑失控，理智自然丧失，会变得不可理喻、暴跳如雷，甚至丧心病狂。

一个有理智的人，往往能及时意识到自己情绪的变化，以及由此而产生的后果，因而能迅速控制自己的情绪。当怒气从心头刚起时，马上会意识到这样做不对，于是很快冷静下来，用理智减轻自己的怒气，这样就不会使用粗俗的语言侮辱别人，更不会因为一时冲动做出让自己后悔的行为。愤怒是七情六欲中表现得最为激烈的负面情绪，是诉诸言语或行动的宣泄方式，也特别具有侵略性和破坏性。因为愤怒，人会失控，做出不该做的事。愤怒是一种自然的情绪表现，所以我们视它为理所当然，可是如果处理不好，无法妥善面对自己的愤怒，还可能会衍生各种心理及精神问题。

看过《林则徐》电影的人可能还记得，林则徐在墙上挂着“制怒”的条幅，那就是为了提醒自己及时调节情绪。在发现自己怒火中烧的时候，人一定要赶快提醒自己：现在我应该控制一下自己的情绪了。当你在动怒时，最好让理智先行一步，你可以自我暗示，口中默念：“别生气，这不值得发火”、“发火是愚蠢的，解决不了任何问题。”也可以自己在即将发火的一刻向自己下命令：不要发火！坚持一分钟！一分钟坚持住了，好样的，再坚持一分钟！二分钟坚持住了，我开始能控制自己了，不妨再坚持一分钟。三分钟都坚持过去了，为什么不再坚持下去呢？所以，要用你的理智战胜情感。

“冷处理”可以给人一个冷静思考的时间和一个解决问题的平静环境。有些事件不是当时非处理不可的，就过两天再谈；如发生口角，先停

下来，过两天双方都心情平静了再解决问题，就会减少些怒气。愤怒会使人失去理智、意气用事，进而做出过分的行为及说出过激的言语，而给人“行事愚妄”的印象。心理学家说：“发怒乃片刻的疯狂，会使人失去理性，如果你不控制你的这种情绪，情绪就必控制你。”

人生总会充满着喜怒哀乐。遇到种种不愉快的事情时，人要提醒着自己：怒气会让人愚蠢。要想不生气，就要时时注意心性的修炼，就要加强自我修养。其中，理性的思考、平和的心态是平息怒火、变生气为长志气的法宝。

平心静气，才会做成事

人不会在流动的水面上去映照自己的形象，只有在清澈平静的水面上，才能看清楚自己的容颜。同样，人需要行动或决策时也要保持平静的心态，这样才能抑制自己躁动的心绪，不至于产生让自己后悔莫及的不良后果。

我们的生活像一条时而平静时而奔涌的河流。平静的生活总会被突如其来的变故打破，它们大至学业、工作、事业、恋爱婚姻，小至为人处世、日常起居。人在面对这些不期而至的事情时，应做到平心静气，抱以平常心。无论什么事，不可强求，顺其自然就行，不必自寻烦恼。

周太太有一座美丽的花园，园子里长满了争奇斗艳的花朵。但是要打理这个花园并不是一件轻松的事。才过几天，院子里水泥方砖的缝隙里又长满了杂草，周太太不得不拿着工具去除杂草。因为方砖的缝隙很窄，加上她最近身体有些发福，蹲了没多久就腰酸背痛，看着那些杂草也很恼怒。

女儿放学回来看见她在除草，觉得有趣，也过来帮忙。女儿一边跟她讲今天学校里发生的好玩的事情，一边用稚嫩的小手除草，周太太看着女

儿干得这么起劲，心情也好了一点。不过，正在她们要干完的时候，女儿不小心弄疼了手指，眼泪马上流了下来。虽然手指并没有流血，但她还是哭个不停。

本来就已经很疲劳的周太太被女儿这一哭弄得更烦了，马上就要发起火来。但是转念一想，其实本来是自己心情烦躁，不应该把女儿当成出气筒的。于是，她压住怒火，对女儿说“你看看这些草，能够从怎么狭小的缝隙里长出来，它们是多么顽强啊，你应该像它们一样坚强！”

女儿定睛看着脚下的青草，擦着眼泪点点头。她们继续干活，忽然女儿说：“草长出来这么艰难，我们就留几棵吧。”周太太答应了女儿的要求，结束了她们的除草活动。留下的几棵草越长越高。有一天，周太太下班回家，女儿高兴地对她说：“草儿开花了！”

那几棵长在角落里的草果然开出了星状的小花，这些小花给她的花园增添了另一番别具一格的景色。周太太想，前些天它们还是给我带来麻烦的杂草，现在竟然成为我家院里最早开花的植物。生活中总是有着接二连三的烦恼，其实它们是生活的一部分，如果我们平心静气对待它们，烦恼也会开花的……

从周太太的故事中我们可以得到启示，遇到烦心事一定要保持平心静气。要是她没控制好自己的情绪，对女儿大发雷霆，不仅会给女儿幼小的心灵留下阴影，也不会收获花园里那一独特的风景。正是及时保持平心静气，才没做出让自己后悔的事情。生活在尘世之中的人保持平静的心态是一件非常重要的事。因为这样你才不会说错话、做错事，它会让人消除紧张、忧虑、压力，回到平常生活中来，从而能充分地准备应对将要到来的第二天。

第二次世界大战结束的前几天，有人说杜鲁门总统比以前任何一位总统更能承受总统职务的压力与紧张，认为职务并没有使他衰老或者吞噬了他的活力，认为这是很了不起的事，特别是身为一个战时总统，要应对很多难题，就更加显得不简单了。对此，杜鲁门总统的回答是：“我的心里有个掩护自己的散兵坑”。他又说，“像一个战士退到散兵坑以保护自己一样，他可以定时地退入自己心里的散兵坑去休息、静养，不让任何事情打

扰他。”

其实，杜鲁门总统的散兵坑就是我们上面所说的平心静气的态度。作为一个战时总统，他面临决策的压力要比我们正常人不知多了多少倍。但他内心平静，犹如一间安静的房子，像是海洋深处不受侵扰的地方，可以全然不顾海面上的惊涛骇浪。平心静气的人在遇到困境时，除了会本能地承认事实、摆脱自我纠缠之外，还有一种趋利避害的思维习惯。这种趋利避害，不是为了功利，而是为了保持情绪与心境的稳定与明亮。

某些人天生就是沉着冷静的人，那心情就不会有太大的变化。但有些人则不然，心情很容易发生变化，不但别人摸不清，自己也很苦恼。不过，还是可以通过一些方法来协助你保持一种平静心情的。比如你可以每天可以抽出一段时间来思考自己的心情变化，如果有什么收获，就把它记在自己的心情日记上，日积月累，你会掌握自己每天的情绪起伏，强化保持心情平静的动力。或者找个好朋友倾诉内心的急躁与焦虑，一个好朋友可以给你至关重要的建议，甚至是解决问题的最好方法。当你发现无论如何也不能冷静下来的时候，试试用冷水洗脸。冷水会降低皮肤的温度，消除心里的急躁。闭目养神深呼吸，把眼睛闭上几秒钟，再用力伸展身体，可以使你心神安定。

此外我们还可以学习宗教中的静坐和冥想。打坐不仅有利于腿部经脉的疏通和血液流通，有益于身体健康，更重要的是它能让人静下来、沉下去，是一种让我们重新认识自我的方式。当我们感到快乐的时候，很难静下心来；反之，痛苦难过的时候亦很难静下心来，而打坐看似简单，但却是非常有效的、帮助你沉静下来的方式。

适时忍让，以退为进赢得善果

著名思想家卢梭在他的著作《爱弥尔》中说过：“忍耐是痛苦的，但

它结出的果实是甜美的。”愚者快乐一时，痛苦一世；智者痛苦一时，快乐一世。聪明的人应该了解忍让是一种大智大勇的表现，忍让会让人不计较一时的高低、眼前的得失，而是胸怀全局，着眼未来。忍让也是一种美德，拥有这种美德的人会以宽广的胸怀、无私的心灵去容纳和感化他人。忍让更是一种人生境界，它可以帮助人平静地面对荣辱得失、爱恨纠葛，不以物喜，不以己悲，笑看花开花落，最终会收获一份丰厚的人生果实。

一家瓷器店营业员面对一位十分挑剔的女顾客，给她拿了好几套瓷器，她挑了半个钟头还没选中。因顾客太多，营业员就先照应别的顾客去了。

这位女顾客以为冷落了她，便把脸一沉，大声指责说：“喂，你这是什么态度，你眼睛没有看见我先来吗？为什么扔下我不管？”她把钞票往柜台上一扔，命令道：“快给我拿，我还有急事！”这话真够刺耳难听的。

然而，营业员不愧是劳动模范，他没和她“一般见识”，安排好其他顾客后，便和颜悦色地对她说：“请你原谅，我们店生意忙，对你服务不周到，让你久等了，我服务态度不好，欢迎你多提宝贵意见。”

营业员这几句忍让而谦逊的话一出口，那位女顾客的脸一下子红了，转而难为情地说：“我说得不好听，也请你原谅。”

从这件小事中我们可以看到营业员以忍让对待生气的顾客，表面上“似水柔情”，实际上“力胜千钧”，产生了积极的效果，既维护了商店的形象，也让顾客意识到了自己无理。人要明白：忍让的态度，由于充满了对对方的尊重、宽容和理解，本身就有一种感化力，这种感化力有助于达到你想要的结果。

另外，当你不愿让命运来主宰你的一切，而又没有反击命运的能力时，切记，要学会忍让！儒家与道家都强调忍让的重要性，只有忍到最后一刻才会出现意想不到的变化，才有希望看到转机，才能收获甜蜜的结果。或许人向往一帆风顺的生活，可是必须面对曲折的人生。其实所谓的一帆风顺只是对自己心灵的一种安慰而已，唯有坚信奋斗不息才能成为命运的主人。而在这一步步的努力中，你必须学会忍让！

有一位年轻人毕业后被分配到一个海上油田钻井队工作。在海上工作的第一天，领班要求他在限定的时间内登上几十米高的钻井架，把一个包装好的漂亮盒子拿给在井架顶层的主管。年轻人抱着盒子，快步登上狭窄的、通往井架顶层的舷梯，当他气喘吁吁、满头大汗地登上顶层，把盒子交给主管时，主管只在盒子上面签下自己的名字，又让他送回去。于是，他又快步走下舷梯，把盒子交给领班，而领班也是同样在盒子上面签下自己的名字，让他再次送给主管。

年轻人看了看领班，犹豫了片刻，又转身登上舷梯。当他第二次登上井架的顶层时，已经挥汗如雨，两条腿抖得厉害。主管和上次一样，只是在盒子上签下名字，又让他把盒子送下去。年轻人擦了擦脸上的汗水，转身走下舷梯，把盒子送下来。可是，领班还是在签完字以后让他再送上去。

年轻人终于开始感到愤怒了。但他尽力忍着不发作，擦了擦满脸的汗水，抬头看着那已经爬上爬下了数次的舷梯，抱起盒子，步履艰难地往上爬。当他上到顶层时，浑身上下都被汗水浸透了，汗水顺着脸颊往下淌。他第三次把盒子递给主管，主管看着他慢条斯理地说：“把盒子打开。”

年轻人撕开盒子外面的包装纸，打开盒子——里面是两个玻璃罐：一罐是咖啡，另一罐是咖啡伴侣。年轻人终于无法克制心头的怒火，把愤怒的目光射向主管。主管又对他说：“把咖啡冲上。”此时，年轻人再也忍不住了，“啪”地一声把盒子扔在地上，说：“我不干了。”说完，他看看扔倒在地上的盒子，感到心里痛快了许多，刚才的愤怒发泄了出来。

这时，主管站起身来，直视着他说：“你可以走了。不过，看在你上来三次的份上我可以告诉你，刚才让你做的这些叫作‘承受极限训练’，因为我们在海上作业，随时会遇到危险，这就要求队员们有极强的承受力，以承受各种危险的考验，只有这样才能成功地完成海上作业任务。很可惜，前面三次你都通过了，只差这最后的一点点，你没有喝到你冲的甜咖啡，现在，你可以走了。”

从这个故事里，我们应该学到一个关于忍让的哲理。忍让，大多数时候是痛苦的，因为忍耐压抑了人性。但是，收获往往就是在你忍受了常人所无法承受的痛苦之后，才出现在你面前的，千万不要只差那么一点点就放弃了。

拥有豁达心境，不生气是种智慧

生气是人们日常生活中最常见的负面情绪之一。由于大多数人心思细腻，把事情看得太细、太认真，一旦有些事情违背了自己的准则或信念时，就会陷入生气这种不良情绪中。现代都市中的女性大多具有良好的教育背景和独立的思想，她们都有自己的信念系统和价值系统，她们会区分怎么样才是对的，别人应该怎么样才是对的，我应该怎么样才是对的等，一旦别人或自己的一些行为违背了这些标准，她们就会不高兴和生气。

人并不能到达寺院高僧那种超然于世、不喜不悲的境界，生气在所难免，不过生气确实能给人带来不好的影响。只有意识到这种危害，才能让人理智地控制这种不良情绪的蔓延。

英国历史上有一位有名的剑手叫欧玛尔。他在练习剑术的同时也在一直修炼自己的心态，让自己不带一点儿怒气作战，所以一直保持长胜不败。

他曾与一个与他势均力敌的对手比武，但三十年一直未分高下。一次决斗中，对手忽然露出一个致命的破绽，欧玛尔趁势持剑跳到他身上，一秒钟就可以将敌手杀死。但是敌手突然朝他脸上吐了一口唾沫。欧玛尔顿时停手了，说：“你起来吧，我们明天再打。”那个敌手死里逃生，同时也怔住了，但是却不明白他为什么要这样做。

欧玛尔说：“刚才你朝我吐唾沫的瞬间我的确动了怒气，这时杀死你，我就再也找不到胜利的感觉了。所以我希望调整心态之后我们明天重新开始。”他的敌手听了欧玛尔的一番话顿时肃然起敬，同时为自己的行

为感到羞愧，因此放弃了和欧玛尔的较量并拜他为师。最后欧玛尔的剑术也练得出神入化了，纯正平和的心态使他成为一名一流的剑手。

这个故事给人这样的启示：当一个人怒气冲天的时候，暴躁的发泄或疯狂就会使他丧失理智，从而抑制住他的智慧与能力，事情的结果必将向不利于他的方向发展。只有以纯正祥和的心态做事时，才能使自己的智慧充分发挥，达到最佳的效果。由此可见，气急败坏只不过是无能的表现，人如果能通过修炼彻底消除心中的怒气，那才是真正的了不起！

生气不仅让人失去冷静、无法理智思考，还会影响到人的健康与容貌。经常生气、发火、多怒的人，大多表情阴沉，颜面灰暗无光。因为总爱生气，会使人的面部皮肤紧缩，容易出现皱纹，未老先衰。生气易致怒，面部皮肤在连续不断的“怒火刺激”下会色泽变暗，失去弹性而加速松弛，从而使细胞角化加快而衰老。同时也使身体内分泌功能失调，生理状态及新陈代谢发生异常，疾病也随之而来。性格不稳定的人，面容大多比实际年龄看起来要老得多。云想衣裳花想容，爱美的人想留住自己美丽的容颜，须保持平和的心态，不轻易动怒无疑也是一剂良方。

要想正确处理生气这种情绪，应该先找到生气的根源。一般来说，生气有难易之分。一个人是否容易生气，要看他宽容的标准，也就是你胸怀的大小决定你生气的大小。动不动就生气的人，是因为他的信念系统和价值系统认同的范围太窄，所以别人或他自己的一些行为很容易触犯她的准则，使他不高兴，于是就生气。其实别人可能根本就没有做错什么。当然别人做没做错也正是根据她的信念系统来评估的，所以别人的对错也没有客观标准，完全在于接受方的评价。人之美，有三个层次，一是美丽，二是魅力，三是心境。人的成熟，更多显现在宽容豁达、气定神闲的心境中。

另外，不容易生气的人除了拥有比较宽容的信念系统以外，还有一条直接避免生气的信念，那就是同理心，即将心比心。虽然他不赞同别人的意见或行为，但他能理解。如果能做到这一点，生气的次数大概要减少80%。还有一条最厉害的信念可以将生气降到最低限度，那就是当别人的行为你不能赞同、也不能表示理解，可以说你认定他完全错误时，要告诫自己：生气就

是拿别人的错误来惩罚自己。有了这一条，你想生气都难了。

一对小姐妹咋看起来与其他人并无不同。不过姐姐虽然看起来文文静静，其实脾气却异常火爆。比如一起买东西时，姐姐经常教育妹妹："你是笨蛋吗？这块肉看色泽就已经不新鲜了"，或者"你是白痴呀，这个牌子的薯片明明在打特价，还要拿那个"，更狠的还有"你这只猪，金额超过了，你不会算吗"！

挨骂的妹妹居然一声不吭，任由姐姐骂去，依然气定神闲地挑选商品，丝毫不受影响。

有一天妹妹一个人来到店里，店员按捺不住自己的好奇心，便和妹妹聊起天来。

"今天怎么一个人来？"店员问。

"姐姐去参加合唱团了。"妹妹一边挑商品一边回答。

"我觉得你姐姐好凶啊！"店员试探性地表示。

"还好啦，她就是这样的脾气！不理她就是。"妹妹在卖场逛着，神情相当愉快。

"可是她每天骂你，你不生气吗？"店员好奇地问。

"爱生气的人是她又不是我，而且被骂一下又不会痛。"妹妹微笑着对店员说。

我们只能用小女孩大智慧来形容这个可爱的妹妹了。小小年纪就有如此平和豁达的心态。所以还是那句行话：生气是一种态度，是一种选择，全在于你愿不愿意，于他人无关。千万别说是谁惹了你，是谁令你生气，生气完全是你自己要的、自己选的。

理智思考，成熟的人懂得包容

很多人从小被家人像小公主、小王子般呵护，习惯了事事以自我为中

心，从来不知道忍为何物。等他们长大了走向社会，却发现，这个世界并不像自己的生长环境那样美好，处处充满了矛盾与冲突。人生中“不如意事常有八九”：渴望爱情甜蜜，偏偏失恋苦恼；一向和谐的家庭，也难免有争吵；以为可信赖的朋友，却因误会产生隔膜；为事业奋斗拼搏，又遭到无端的嫉妒；即使做一件好事帮一次人，也可能引起流言飞语……种种“不如意”，常常检验着一个人的修养水平：有人泰然处之，从容对待；有人怒形于色，耿耿于怀。因此，学会忍让，看似极简单的事情，实际是一种理智成熟的表现，它有化解生活中各种烦恼的神力，使人生充满信心、愉快和阳光。

古人有云：“事不三思，但恐忙中有乱；气能一忍，方可过后无忧”、“君子忍人所不能忍，容人所不能容，处人所不能处”。遇到矛盾和冲突时，人要保持清醒的头脑，对自己有克制，通过耐心地讲道理，对其进行说服和规劝，及时化解矛盾；即使对方仍然蛮不讲理，我行我素，也无需恶语相加，更不要轻易地采取过激行为，“以眼还眼，以牙还牙”并不可取。做到坚持原则，坚持真理，就能讨回公道。人要加强道德修养，学会理智、冷静地处理问题，在一些非原则的是非面前，要懂得忍让哲学，容人让人，这样才能成为一个优雅、成熟、受人欢迎的人。

一位戴花帽的姑娘在街头碰上几个小伙子，其中一位竟伸手摘下了她的帽子。面对挑衅，姑娘又怕又怒又紧张，但她马上冷静下来，彬彬有礼地说：

“我的帽子挺漂亮，是吗？”

“当然，它和你这个人一样，真美。”男青年说。

姑娘温和地说：“你一定是想仔细看看，好给你的女朋友买一顶吧？我想你绝不是那种随意戏弄人的人。”她话里有话，温和中深藏开导之意，委婉中透露着锋芒。

“当然”青年有几分尴尬，不由自主地还了花帽，一场可怕的危机就这样被制止了。从中我们不但看到了姑娘的机智，而且对她留下了理智、成熟的印象。我们看到，自始至终姑娘没说一句强硬的话，而是用含有“潜台词”的柔和软语，巧以应对，成功地激发了对方的自尊、自爱心

理。她用忍让的态度、理智的语言塑造了一个见多识广、不容侵犯的强者的形象，使对方不敢轻举妄动。从这里我们可以领悟到忍住气，不发火，你就能理智地解决面临的冲突。

在工作中，忍人一时之疑、一事之气、一定之辱，不仅仅是为了摆脱被动局面，更是一种意志、毅力的磨炼，为日后发奋图强、励精图治、事业有成奠定了基础。越王勾践也罢，韩信也罢，都曾忍受过别人难以忍受的屈辱，最终渡过难关，成就了大业。学会忍让，是用无声的奋斗冲破罗网，用无形的烈焰融化坚冰，用韧性的人生铸造辉煌。忍让的关键在于能否抑制冲动的情绪，经常保持冷静而理智的头脑，越是在气头上越要防止意气用事、鲁莽而行。忍让是一种眼光和度量，是一种修养和境界，是有力量的表现。

现实生活本身并不全是理性的，其中也充斥着很多无奈。譬如，某些人的性格本身就带有攻击性，这就意味着另一些人会无端地遭到挑衅。如果对所有的“攻击”都施之以“反击”，那么生活的环境将永远充满火药味。一般来说，交往过程中有了矛盾，双方可能都有责任，但作为当事人应该主动地“礼让三先”，先从自己方面找原因。忍，实际上也就是让时间和事实说话，可以使许多矛盾通过“冷处理”得以慢慢淡化、消释，进而摆脱无原则地纠缠和不必要的争吵。古人讲的“忍气饶人祸自清”，道理就在于此。

种子只有忍受冬雪的覆盖，忍受春风的摆布，忍受夏阳的炽烤，才会粒粒饱满；小鸟只有忍受暴风的洗礼，只有忍受雨雪的考验，才会翱翔于苍穹；而人只有忍受成长的苦恼，忍受理想的破灭，忍受社会的锻炼，才能成为一个顶天立地的人，才会盼来温暖的春天，才会迎来硕果的秋天。

忍耐是理智的花，是成熟的果；文王只有忍受拘囚的困境，才能给自己的心灵减刑，推演出了《周易》；仲尼只有忍受被宋、卫的驱逐，被陈、蔡的围困，才会看清社会，悟通历史，写出了《春秋》；司马迁只有忍受了李陵案件所受的指责，忍受宫刑的耻辱，才真正地“究天人之际，成一家之言”。但凡有所成就的人，无不是经受了那种常人所不能忍受的

痛苦和挣扎。在痛苦的挣扎之中孕育了一种品格，一种思想。

男人学会忍，更增添人格魅力；女人学会忍，更增添性格的温润。忍耐是人生的一个过程，是成长时的一种必须，要学会忍耐能忍的，以及不能忍的，忍的结果是美好的，学会忍耐受益终生。

遇事冷静，从容处理十分奏效

女人最容易被贴上“感性动物”的标签，人不是因为性别才感性的，而是女人对事物的敏感度，比男人表现得更直接一些。感性并没有错，它让人充满浪漫的气质，富有爱心并心地善良，给这个世界增添了数不尽的温暖与柔情。悲喜欢愁、嬉笑流泪的瞬间体现，没有给感性的人留下掩饰的时间，真实、自然地存在于人的每一丝表情里。但是，人的感性也表现在另一方面，他们往往凭直觉办事，不调查研究，也不进行理性思考；遇到突发事件也不能让自己快速冷静下来，要么把自己弄得手忙脚乱，要么瞬间变成一个不可理喻的人。

遇到突发事件，我们采取的应对方式，都是我们在长期的成长过程中逐渐养成的，如果这个应对方式掺杂过多的感性成分，那么对事情的处理与解决往往不是十分有效，甚至会给自己带来一些本可以避免的麻烦与危害。因此，这一节我们要学会以冷静代替慌乱，让理智对抗鲁莽。

沉稳冷静，遇到事情不慌乱，会让人把注意力集中在问题本身，而不是被情绪牵着鼻子走。同样，在战场上的士兵，听到枪声新兵会吓得手足无措，而冷静的老兵会立马找个掩护躲起来。面对突发事件，人可能会本能地产生情绪波动，但保持冷静会让人的注意力迅速绕过这些心理障碍区域，马上转到理智、快速的思考上去。理智让人看清事态的本质，是有内涵、思想成熟的体现。虽然理智会暂时抑制情绪发泄带来的快感，但最终仍会获得内心的平静与满足。

多年以前，标准石油公司的一名高级主管做出了一个错误决策，使该公司一下子损失了200多万美元，当时掌管这家公司的正是大名鼎鼎的洛克菲勒。坏消息传出后，公司主管人员都设法避开洛克菲勒先生，唯恐他将怒气发泄到自己头上。不过有一人例外，他就是标准石油公司的合伙人爱德华·贝德福德。那天，按照事先的约定，贝德福德要与洛克菲勒见面。

当贝德福德走进洛克菲勒办公室时，发现这位石油帝国老板正伏在桌子上，用铅笔在一张纸上写着什么。

“哦，是你，贝德福德先生。”洛克菲勒说：“我想你已经知道我们的损失了，我考虑了很多，但在叫那个人来讨论这件事之前，我做了一些笔记。”

贝德福德后来这样向我们叙述：“在那张纸的最上面写着：对某先生有利的因素。下面列了一长串这人的优点，其中提到他曾三次帮助公司做出正确的决策，为公司赢得的利润比这次损失的要多得多。我永远忘不了洛克菲勒面对棘手问题时的冷静。以后这些年，每当我克制不住自己，想要对某人发火时，就强迫自己坐下来，拿出笔和纸，写出某人的好处。每当我完成这个清单时，自己的火气也就消了，就能理智地看待问题了。后来这种做法逐渐成了我工作中的习惯。记不清多少次了，它制止了我去做愚蠢的事情——发火，而那会导致在生意场上付出惨重代价。”

成功的生意人都是精明冷静的。洛克菲勒成为全世界顶级大富豪，定有他过人之处，从这个故事中可以看出关键时刻保持头脑冷静、理智的重要性。在人的一生中，会面临各种纷繁复杂的问题，虽然不会像那些金融巨子、影视红星那样一举一动都那么惹人注目，可是在个人世界里，如果不处理好这些突如其来的事情，它们就会变成一场又一场可怕的人生风暴。

并不是每个人天生就具有一个冷静、理智的头脑。要学会真正的冷静、理智，需要不断地修炼。心理学家对此提出这样的建议：面对突发事件，若想打破那些旧的链接，重新建立新的应对方式，你首先要给自己设定一系列详细的目标，也就是详细列出自己想改变到什么程度。当你记录的内容逐渐丰富时，从叙述中就会很清楚地看到在自己的思维过程中，有

哪些思维习惯是不合理的，然后思考一下，这些不合理的习惯应该怎样改正。最后，当再遇到类似情形的时候，尝试着让自己按着日记中已经纠正的方式去思考。按着上述过程不断循环训练，如果能长期坚持下去，相信你的情绪控制能力就会有很大改变。

有些人害怕冷静、理智失让自己变得冷漠、无情或者失去人情味。这种担心大可不必，它不会剥夺你对感人的电影痛哭流涕的反应、想收养流浪狗流浪猫的权利。冷静、理智的人也能用特有的感性和周围人相处，表现他们温和、内敛、善解人意的一面。但他们往往不喜欢竞争，更不喜欢胸无城府的张扬，大多时候选择默默退出。这个默默退出，并不是代表他没有自信，也不是他没有资格，更不是他没有魅力，而是由他的“淡泊以明智，宁静以致远”的心态主导的。

想成大事者，要拒绝恼怒烦躁

从某种角度来看，人生就是由一道接一道的选择题组成的。这些选择题像考试时试卷里出现的那样，它们有的让你轻而易举地得到答案，有的却让你心烦意乱，不知如何作答。老人会以过来人的身份告诉人们：这辈子的幸福，其实就在于人生的几次关键选择。的确，几个重大的决策决定着人未来命运的走向，比如读大学选专业时，选择自己喜欢的还是选择热门、有前景的？刚刚大学毕业的你是听家里的安排接受一份稳定的工作还是远赴他乡开始另一种前途未知的生活？在即将沦为“剩女”危险的时候是接受现实降低自己的择偶标准，还是继续期待自己心中完美的爱情？生活中的选择题没有唯一答案，它们会因人而异。这里，我们不会讨论哪种选择是正确的，而是教导我们面临重大决策时该持有的一种心态，那就是心平气和。

心平气和是指心情平静、态度温和、不急躁、不生气。人面对重大决

策时很可能会情绪起伏、紧张烦躁。这样的心情是不会让你理智地看清问题、做出正确选择的。它会毁掉你的意志，使你丧失判断力。心平气和会促使人理性思考，从容面对每次选择的得与失。

在婚纱店工作的小文今天又迎来了一对预约拍照的新人。新郎文质彬彬、英俊稳重，新娘美丽可爱，秀气温柔。在小文的眼里，两人真是天造地设的一对璧人。新郎对婚纱照很认真，问了很多问题，一看就知道事先做了很多功课。以小文的经验，新郎这么认真对待这些照片，一定会成为一个温柔体贴的好老公。

拍照的时候两个人表现很好，照片中有几张特别出色的，所有人看了都喝彩。新郎来取照片的时候告诉小文，他们的婚礼马上就要举行了，脸上洋溢出幸福的微笑。

接下来是选结婚礼服。那天他们来选衣服的时候，新娘执意要穿两套婚纱、两套晚装，小文建议说婚礼时间有限，可能穿不过来。新娘当时就沉下脸来，扭头离开了婚纱店。这让小文大吃一惊，怎么之前一直都是文文静静的女生，一下子变得脾气这么暴躁。而新郎还是很礼貌地和小文说了声抱歉，并说改天再来。

可是，改天之后，他们就一直没有再来。

到了规定取衣服的前一天，小文照常规打电话给新娘，要确认取衣服的时间。电话一打通，却听到电话那边传来了哭声，新娘含糊地说她不能确定取衣服的时间，小文觉得可能事情有变。果然，新娘犹豫片刻，说出了真相：新郎消失，这个婚结不成了！

这让小文目瞪口呆。新娘继续说，最近半个月，两人一直吵架，因为结婚的那些小事。新娘觉得这是关系到自己一辈子的大事，一定要让婚礼完美无缺以达成她对婚礼的美好憧憬。这让新娘对婚礼的要求很高，很多细节上的小问题让她小题大做，甚至歇斯底里。新郎一直都忍耐，即使有争执也首先屈服，对新娘的要求都会妥协，可是最后新郎爆发了，发短信给新娘，说还没有结婚就这样，婚后的日子该怎么办，向新娘提出了分手。

这时，新娘意识到了自己的错误，四处找新郎，可是新郎不接电话，

人也不知道跑到哪里去了，只留下了那个暗自垂泪、后悔莫及的新娘。本该是一段甜蜜美好的爱情童话，就这样破碎了。

这个故事让我们为新娘感到惋惜，正是在面对结婚这种人生大事时，新娘心理失去了平衡。表面上看是因为新娘处处苛责新郎，导致新郎无法忍受进而取消了婚礼，实际上是新娘面对大事时的这种失衡心态毁了她的幸福。要记住，恼怒、烦躁是片刻的疯狂，如果你不控制感情，感情便会控制你，它会将理智的灯吹灭。所以，在做出重大决策前，务必保持心平气和、头脑冷静。

保持心平气和会让人避免决策后后悔。因为心平气和会让人头脑冷静，在这种理性的思考下，你是在权衡利弊、深思熟虑之后做出的决策，而这些决策的正确性无疑大大提高。这样，即使你在之后的生活中遇到了困难，也会勇敢、坚定地走下去，不会再怀疑自己的选择。相反，如果只是头脑发热，凭一时冲动做出的决定，它的理性根基就不会牢固，容易产生后悔、抱怨等不良情绪。

每一个人面临重要决定时都会倍感压力。其实不必惊慌，而是应该深呼吸、放轻松，首先找到你值得信任的家人或朋友，和他们谈谈自己现在的处境和面临的抉择。古语说“兼听则明”，不同的人有不同的人生经历，他们会从不同的角度帮你分析问题，这样，会让你更加全面地看清楚问题的本质。但是最后的决策权还是握在自己的手里。在和别人探讨过之后，你还要平心静气地倾听一下自己的声音，然后就可以大胆地做出决定了，不要担心，不要害怕，不要被他人的想法所左右，一个心平气和的心态会帮助你做出正确的选择。

第10章 充盈自己：在学海里汲取甘甜的养分

有人说："最聪明的投资就是给自己投资，因为学习的知识，收获的能力，永远属于你。"一场意外足够让你现在获得的所有财物化为乌有，一场战争也能毁了你苦心经营的一切，这些都是你无法控制的。而人生真正的财富是当我们身无分文的时候，自己到底有多少价值。一个人要在学海里汲取甘甜的养分，不断地充盈自己，这也是善待自己的一种方式。

取长补短，在差距中不断充盈自己

生活中，每个人都有自己的优点，但是，许多人习惯以一己之长来比他人之短，他们满足于自己的现状，常常瞧不起其他人。时间长了，别人都有了进步，可他依然在原地踏步。其实，如果你想充实自己，让自己不断地取得进步，就应该多看到别人的优点，看到别人的长处，正视自己的短处，再以他人之长来弥补自己之短。在与他人的差距中学到知识，这样你才会不断地获得进步，让自己的内涵得到充盈。许多人总认为那些各方面都优秀的人才是自己学习的对象，其实，这样的看法是有失偏颇的。每个人都有自己的长处和短处，有可能别人的长处恰好是自己的短处，千万不要小瞧他人。

古人云："弟子不必不如师，师不必贤于弟子。"一个人有了道德就可以作为典范，一个人有了一技之长就可以作为老师。或许，在我们身边并没有十全十美的人，但我们只需要在每个人身上学得一些长处，那么，自己就会变得更完善了。学习是永无止境的，在学习的过程中，我们要善于借他人之长，补己之短，这才是终身学习的妙处。要知道，风筝本来没有翅膀，却是借东风之力飞上了天，在学习的过程中，不必宥于自己的想法和偏见，一意孤行，而是要多学习别人的长处，这样你才会在学习的过程中有所进步。而那些总拿自己之长比他人之短的人，最终只会在原地踏步。

有一个博士分到一家研究所，成为了那里学历最高的人。

有一天他到单位后面的小池塘去钓鱼，正好正副所长在他的一左一

右，也在钓鱼。他只是微微点了点头，心想这两个本科生，有啥好聊的呢？不一会儿，正所长放下钓竿，伸伸懒腰，蹭蹭蹭地从水面上掠过到了对面厕所。博士眼睛瞪得都快掉下来了。水上飘？不会吧？这可是一个池塘啊？正所长上完厕所同样是蹭蹭蹭地从水上飘回来。怎么回事？博士生又不好去问，自己是博士生哪！过一阵，副所长也站起来，走几步，蹭蹭蹭地飘过水面上厕所。这下子博士更是差点昏倒：不会吧，到了一个江湖高手云集的地方？博士生也内急了。

这个池塘两边有围墙，要到对面厕所非得绕十分钟的路，而回单位又太远，怎么办？博士生也不愿意去问两位所长，憋了半天后，也起身往水里跨：我就不信本科生能过的水面，我博士生就不能过。只听咚的一声，博士生栽到了水里。两位所长将他拉了出来，问他为什么要下水，他问："为什么你们可以走过去呢？"两所长相视一笑："这池塘里有两排木桩子，由于这两天下雨涨水正好藏到了水面下。我们都知道这木桩的位置，所以可以踩着桩子过去。你怎么不问一声呢？"博士生呆了。

这个故事里，博士生自以为很了不起，他看不起那些学历不如自己的同事。即使看到自己很不解的事情，他也不愿意虚心请教，而是表现得非常自大："连本科生都能办到的事情，我堂堂一个博士生，怎么会办不到呢？"于是，他自作聪明地想从水面上过去，谁料聪明过了头，一头栽倒在水里，让那些他看不起的木科生看了笑话。最终，博十牛为自己的无知与骄傲付出了代价。

在现实生活中，也有许多这样的人，他们常常自恃自己学历很高，看不起那些身边的人，不屑于与那些低学历的人为伍。实际山，学历只是代表着过去，只有学习的能力才能代表着将来。所以，即使面对着那些比你学历低的人，也要学会尊重，这样你才有可能从他们身上学习一些经验，使自己少走弯路。

水因为太满会溢出来，人也会一样，当一个人太自负了，只会令你丧失原有的价值，成功也会离你越来越远了。孔子是伟大的圣人，但他也提倡"不耻下问"，以此来弥补自己某些方面的不足，更何况是我们普通人呢？我们常说："骄傲使人落后，虚心使人进步。"所以，无论你处于一

个什么样的位置，都要学会“取长补短”，促使自己不断地进步，最终获得成功。

古人云：“三人行，必有我师焉。”哪怕对方只有一个人，他身上也有我们值得学习的地方，这样“择其善者而从之”，会让我们变短处为长处，继而在人生的道路上取得成功。在生活中，我们要善于剖析自身的不足，向他人学习，以他人之长比己之短，不要满足于一知半解，要向他人虚心请教。当你懂得了学他人之长，来补己之短，你一定会成长得更快！

永远没有最好，只有更好

劳伦斯·萨默斯曾这样说：“像伟大和自豪的国家在其鼎盛时期一样，它们必须克服一个完全不能掉以轻心的危险因素：它们传统的绝对强势将会导致谨小慎微、追求内部特权及自满，这将使它们不能与时俱进。”如果你要征服这个世界，那么，你就要学会不断地完善自己，因为“永远没有最好，只有更好”。人生本来就是一个不断完善和超越自我的过程，你永远不可能做到最好，所以，我们只求更好。千万不要获得一点点成绩就认为自己做得最好了。要记住，学习是没有止境的，必须努力让自己更好一点。只有你继续努力了，生活才会给予你相同的回报。

年轻时候的富兰克林很自负，有一次，一个工友把富兰克林叫到一旁，大声对他说：“富兰克林，像你这样是不行的！凡是别人与你意见不同的时候，你总是表现出一副强硬而自以为是的样子，你这种态度令人觉得很难堪，以致别人懒得再听你的意见了。你的朋友们都觉得不同你在一起时比较自在些，你好像无所不知、无所不晓，别人对你无话可讲了，他们都懒得来和你谈话，因为他们觉得自己费了力气反而感到不愉快。你以这种态度来和别人交往，不去虚心听取别人的见解，这样对你自己根本没

有好处，这样你从别人那里根本学不到一点东西，而实际上你现在所知道的也很有限。”富兰克林听了工友的斥责，讪讪地说道：“我很惭愧，不过，我也很想有所长进。”“那么，你现在要明白的第一件事就是，你已经太蠢了，现在还是太蠢了！”这个工友说完就离开了。

这番话让富兰克林受到了打击，他猛然醒悟了过来，开始重新认识自己，与内心进行了一次谈话，并提醒自己：“要马上行动起来！”后来，他逐渐克服了骄傲、自负的毛病，成为了著名的科学家、政治家和文学家。

骄傲、自负会成为你前进路上的绊脚石，那些成功的人由于懂得超越自己，所以，才赢得了最后的成功。如果我们总是觉得已经做到了最好，总是自满自足、不思进取，那么，或许你的人生将从此开始衰落。今天比昨天进步一点点，明天比今天进步一点点，每天向前走几步，一段时间之后，我们会发现，自己已经取得了惊人的进步。

在美国有位很有钱的富翁，他自我感觉很好，常常会觉得自己就是这个世界上最成功的人。但是，他却得不到别人的尊重，为此，他很苦恼，每天都想着如何才能得到他人的景仰。一天，富翁在街道上散步，看到旁边有一个衣衫褴褛的乞丐，心想自己的机会来了。于是，富翁便在乞丐碗中丢下了一枚金币，可是，乞丐却头也不抬，自己忙着捉虱子，富翁感到很生气：“你眼睛瞎了吗？没看到我给你的金币？”乞丐还是没有正眼瞧他，回答说：“给不给是你的事，不高兴你可以拿回去。”富翁很生气，又丢了十个金币在乞丐的碗中，心想这一次乞丐一定会趴着向自己道歉，却不料，那个乞丐还是不理不睬。

富翁几乎要跳起来了，咆哮道：“我给你十个金币，你看清楚，我是有钱人，好歹你也应该尊重我一下，道个谢你都不会？”乞丐懒洋洋地回答：“有钱是你的事，尊不尊重则是我的事，这是强求不来的。”富翁一下子着急了：“那么，我将我的一半财产分给你，能不能请你尊重我呢？”乞丐翻着白眼看着他，说：“给我一半财产，那我不是和你一样有钱了吗？为什么要我尊重你。”一着急，富翁说道：“好，我将所有的财产都给你，这下你可愿意尊重我了吗？”乞丐回答道：“你将财产都给

我，那你就成了乞丐，而我成了富翁，我凭什么要尊重你？”富翁一下子好像明白了什么，他抓住乞丐的手，真诚地说了一句：“谢谢你！”乞丐改变了之前的态度，正视着他说：“不用客气，您请慢走。”

如果你总是表现得很骄傲自负，那么，哪怕对方是一个乞丐，他也会瞧不起你。换句话说，即使对方是一个乞丐，在他身上同样有值得我们学习的地方。自我完善就是一个不断学习的过程，只要我们善于学习，就能看到别人的长处。懂得汲取他人所长补己之短，努力使自己更好一点，那么，总有一天我们会成为一个成功者。

生活中，我们经常听到这样一句话：“尺有所短，寸有所长。”每个人都有自己的长处和短处，只有我们真正地了解自己，才能扬长避短。而当我们意识到自己的不足之处时，才能有让自己变得更好的愿望，而在不断完善自己的同时，也就是你进步的开始。生活中，如果你有了一些成就，千万不要沾沾自喜，觉得自己已经达到最好了，因为永远不可能有最好。

让学习成为一种习惯，内心更为满足

美国心理学巨匠威廉·詹姆斯曾说：“播下一种习惯，收获一种性格；播下一种性格，收获一种命运。”学习，是我们每个人都应该养成的良好习惯与性格。一个人若是将学习养成为一种习惯，他就能够把握住人生的正确方向。在现实生活中，许多人知识匮乏，能力不足，碌碌无为，甚至有的人步入歧途，这是为什么呢？其实，一个很重要的原因就是他们不能自觉、持续地学习。有的人从来不当学习是乐趣，而是把学习当做一种负担；有的人说起学习来头头是道，但是，却缺少实际行动。他们不学习的原因并不是“学习枯燥乏味”、“太忙没时间”，而是在于他们没有养成良好的学习习惯。

毛泽东同志经常说："饭可以一日不吃，觉可以一日不睡，书不可以一日不读。"他无疑是学习的最佳典范。在长征途中，他曾躺在担架上看《列宁与革命》；新中国成立以后，他那宽大的床上被大面积的书籍占据着；就在他生命的最后一段时间，他依然让工作人员读书给自己听。无论在什么样的环境中，他都能坚持学习，其中一个重要的原因就在于他把学习培养成了一种习惯，变成了他生活的一部分。一个人要想做到时时学习、处处学习、终生学习，一个很重要的前提和基础就是让学习成为一种习惯。

一位著名的芝加哥商人这样说，自己需要花一个星期的时间去拜访国内的各同行，彼此交换对经营的看法；每年总要外出旅行一次，去考察各家著名商店的管理与经营。他认为："要想从广阔、不偏的视野上观察自己的素养，保持自己的事业永不衰败，这种旅行是绝对必需的。"

在每一次拜访与旅行中，他都不断地完善自己，努力使自己的商店做得更好一点，他说："这样的学习已经成为一种习惯了。"如果他从来不出自己的店门，不与其他商人交流，那么，他自己所经营的商店就不会获得进步，就可能永远在原地踏步。

让学习成为一种习惯，最重要的就是要行动起来。我们应该充分认识到学习的重要意义，真正把学习当成一种责任、一种追求。当然，让学习成为一种习惯，并不是一蹴而就的，而是需要一个长期的过程。在这个过程中，我们需要将自己的坏习惯改变成学习的好习惯：不要沉湎棋牌桌上的玩乐，不要沉浸在觥筹交错的应酬中。任何一种习惯都有强大的惯性，好习惯是这样，坏习惯更是如此。一个人的时间和精力有限，如果你想让学习成为一种习惯，那么，就要改掉自己的坏习惯。

有人说："杰奎琳的第一个魅力是深不可测的智慧美。"熟悉杰奎琳的人，都会说到她对于书的感情。杰奎琳是一个典型的书迷，她对书的痴迷程度是常人难以理解的。就连她的丈夫肯尼迪也会惊叹："无法理解她为什么那么喜欢看书。"

她几乎博览群书，不管什么书都看得很认真，尤其喜欢诗集、历史书籍或关于艺术的书籍。随着地位的提升和年龄的增长，杰奎琳看书更加刻

苦，并通过读书不断提高自己。如此学习的经历使得她在离开白宫后仍然被人们所记忆。在离开白宫后，她反而变得更有名，成为了一个更具影响力的女人。

杰奎琳的公寓和别墅里摆满了各种书籍，桌子上和桌子下、沙发和椅子，到处都堆满了书，整个别墅就相当于一个图书馆。她经常指导朋友希拉里“做一个读很多很多书的女人”。在杰奎琳看来，要想成为一个传奇女人，其中的奥秘就是书和学习。

莱因霍尔德曾这样说：“杰奎琳在社会学和神学上表现出的智慧感动了我，我被杰奎琳感动以后，便下决心支持她的丈夫。”戴高乐在见识杰奎琳的智慧之后，这样说道：“杰奎琳女士对法国历史的了解程度远远超过了法国本土的妇女们，她并不介入政治，但又给自己的丈夫赋予艺术和文学支持者的名声。自从认识杰奎琳以后，我对美国更加信任了。”

杰奎琳非凡的智慧首先应该归功于自己的终生学习，即使在自己地位和名声提高的时候，她也不放弃任何学习的机会，甚至变得更加刻苦，并通过学习来进一步提升自己的文化修养。这位伟大的第一总统夫人已经将学习当成了一种习惯，当成了自己生命的一部分。

著名语言文字学家周有光已经年逾百岁，但仍坚持每天伏案学习，笔耕不辍。有人问他：“您都一百多岁了，又有那么多成果，为何还那么辛苦呢？”他坦然一笑，回答说：“辛苦吗？我没觉得，一辈子的习惯，想改都难。”当学习已经成为了一种习惯，你想摆脱都很难了。一个善于学习的人，他的内心是极为满足的，而他令人羡慕的才情是用足够的知识和生活经历积累而成的。

成长永无止境，时刻需要养分

一个人的成长是无止境的，他时刻都需要充足的养分。说到“养

分”，大部分人会想到能让我们生命得以延续的食物，其实，这只是物质层面的养分，我们不能忽视了心灵所需的养分——知识。一个人若是缺少了知识的养分，它就像没有获得阳光和雨露的花儿，即使施了再多的肥，它还是会慢慢地枯萎。生活中的许多人总是关注到自己的外在，而忽视了心灵的呵护。当他们把自己的外表打扮得很光鲜的时候，其心灵却是空空如也。他们就像是一个被用来欣赏的“花瓶”，只有光鲜的外表，而没有丰富的内在，根本没有实际的价值。一个人的成长是无止境的，在成长的路上，我们应该汲取更充足的养分，诸如知识、才情、能力，如此，你才能成为一个内外兼修的人。

20年前，杨澜凭借着《正大综艺》在国内家喻户晓。好不容易在央视站稳了脚跟，她却突然宣布退出《正大综艺》，前赴美国私立纽约大学电影电视系攻读硕士学位。当时，很多观众感到不解：杨澜《正大综艺》主持得好端端的，干嘛又要留洋呢？面对众人的不解，杨澜真诚地向观众说出了自己的心里话：自己学生时代的储藏基本耗尽，深感“电力”不足，急需“充电”。原来，杨澜出国留学不是为别的，而是为了进一步把节目主持好，有更高层次的艺术追求。

杨澜在美国留学期间，也曾被问道“在国内发展那么好，为什么还选择读书”，杨澜坦然表示“年轻时最重要的资本不是青春、美貌和充沛的精力，而是你拥有犯错的机会，不要为青春留白。如果年轻时不能追随梦想，去为自己认为值得做的事冒一次险，哪怕犯一次错，那青春将是多么苍白啊”。如今，从美国回来多年了，杨澜迈向了事业的一个又一个高峰，恰是那次“青春的犯错”才为她积蓄了一生最珍贵的财富。

即使获得了如此大的成就，杨澜却毅然放弃了当时的事业，远赴美国“充电”，不断地拓展新的知识，丰富自己的心灵世界，汲取成长所需要的养分。事实证明，她当初的选择是正确的，正是那个果断的决定，为她积蓄了一生的财富，最终，使她收获了事业的丰硕果实。

小白家境比较贫寒，高中还没毕业就辍学在家。后来，随着村里的人去了大城市打工。很快，工作不久的小白就意识到学习的重要性，有时候，别人几分钟可以完成的事情，自己却需要花上几个小时，为此没少受批评、奚落。自尊心很强的小白暗暗下决心，一定要自学课程，拿到证明自己能力的证书。

于是，下班后，小白报读了夜校，常常在晚上七八点，她还要拖着疲惫的身子去学校上课，晚上回来，还得温习当日的功课。有时候，她会把功课拿到公司，向其他同事请教。这样刻苦学习了几个月后，小白做事效率有了很大的提高。半年后，小白参加了成人考试，拿到了高中毕业证。不过，小白并没有停止不前，她有一句座右铭“活到老，学到老”。一个偶然的机会，她对电脑产生了兴趣，为了更熟练地操纵电脑，她自学了相关的计算机课程，拿到了计算机的初级等级证书，最后，她还考取了某所大学的计算机专业。

一个人的成长并不只是身体外在的成长，心灵也应该得到相应地充盈，如此，才是内外兼修。在生活中，有的人一大把年纪了，但是，他的修养与内涵却甚是欠缺，这样的人，他们的心灵缺少应有的“养分”，或许直至到老，他还是一副卑琐的形象。

现代社会，是一个学习的社会，无论你毕业于哪所大学，从你踏入这个社会开始，你就必须学习；无论你有多大的本事，你都有学习的必要性，至少你不是无所不能。甚至，学习将伴随着我们的一生，你是否好学，将直接决定你未来能走多远。一个人最大的缺陷并不是没有接受过教育，而是他放弃了学习的机会。学习，就好像女人坚持使用化妆品一样，我们需要保持学习的习惯，这样才能丰富自己的心灵。肌肤需要汲取水分，也需要汲取营养，而心灵与肌肤一样，它同样需要汲取养分才不至于显得空洞。只有不断地学习，才能填补心灵的空虚。

知识的力量足以改变一个人的命运

纵观古今中外，无论是名扬世界的科学家，艺术家，还是普通的老百

姓，都是知识改变了他们一生的命运。知识主宰着我们的命运，也将改变着我们的命运，是它让我们把握住了命运的脉搏。知识是力量，是彻底改变一个人命运的第一推动力。在当今这个知识经济的社会中，谁拥有了知识谁就能把握住命运之神；反之，若是缺少了知识，那你只能任由命运的捉弄。成功大师拿破仑曾说："真正的征服，唯一不使人遗憾的征服，那就是对无知的征服。"拿破仑在征服了无知，获得知识之后振兴了法兰西，他用亲身的经历诠释了那句话。不管在任何时候，在任何地方，人们从来不会否认知识的魅力：知识让高尔基扼住了命运的咽喉，知识让爱迪生从贫民窟走入了曼哈顿，知识让轮椅上的霍金成为了全世界的骄傲。

你听说过犹太人的故事吗？据说，犹太人父母会在他们孩子出生时就在书本上滴上蜂蜜，让孩子吃，希望以此告诉孩子：读书就跟吃蜂蜜一样甜。所以，犹太人很喜欢读书。对此，有人统计过，平均每个犹太人一年要看三百多本书，他们从书中学到了丰富的知识。因为拥有了知识，犹太民族被世界公认为"最有创造力的民族"。

小伟住在偏远的山区，陈旧的家具、瘦骨嶙峋的奶奶、70多岁的爷爷、在外地打工几个月见不着面的父亲、一个没给儿子留下任何记忆的母亲，这几乎就是小伟生活的全部。爷爷奶奶有一些退休金，平日里小伟就跟着他们生活，有时候没钱交学费了，在外地打工的爸爸就会寄钱回来。学校了解到小伟的情况后，减免了他高中三年的学杂费。

说到小伟，爷爷就忍不住抹眼泪："我们家老的老小的小，一提借钱人家就害怕。别人都盼着考上大学，可这孩子在高考前就整天唠叨：'我要是考上大学怎么办？'天天愁得要命。我有五个孩子，送奶的、打扫卫生的、看车子的，要想改变命运，就得读书，学知识。""知识改变命运"，小伟从小就认准了这一点，他说同学的漂亮衣服、车子，自己从来不羡慕，因为那都是家里给买的。他认为，一个人应该靠自己努力，他咬咬牙："穷有什么？我会用知识改变命运。"

知识从来不属于那些好逸恶劳的人，只有学习，我们的生命之树才会结满丰硕的果实；也只有学习，我们才有足够的力量朝着目标靠近。知识

是石，能击出生命之火；知识是火，能点燃生命之灯；知识是灯，能为我们照亮生命之路。如果你总是散漫地对待学习，那么，只会留下“白了少年头，空悲切”的遗憾，要记住，只有知识和学习才能帮助我们顺利到达成功的彼岸。

童第周出生在浙江省鄞县的一个偏僻的小山村里。由于家境贫困，小时候一直跟父亲学习文化知识，直到17岁才迈入学校的大门。读中学时，由于他基础差，学习十分吃力，第一学期末平均成绩才45分。学校令其退学或留级。在他的再三恳求下，校方才同意他跟班试读一学期。

此后，他就与“路灯”常相伴：天刚蒙蒙亮，他就在路灯下读外语；夜深时，他还在路灯下自修复习。功夫不负有心人，期末，他的平均成绩达到70多分，几何还得了100分。这件事让他悟出了一个道理：别人能办到的事，我经过努力也能办到，世上没有天才，天才是用劳动换来的。之后，这也就成了他的座右铭。

大学毕业后他去比利时留学。在国外学习期间，童第周勤奋好学，刻苦钻研，得到了老师的好评。获博士学位后，他回到了灾难深重的祖国，在极为困难的条件下进行科学研究工作。

解放以后，童第周在担任山东大学副校长的同时，还研究了在生物进化中占重要地位的文昌鱼卵发育规律，取得了很大成绩。到了晚年，他和美国坦普恩大学牛满江教授合作研究起细胞核和细胞质的相互关系，他们从鲫鱼的卵子细胞质内提取一种核酸，注射到金鱼的受精卵中，结果出现了一种既有金鱼性状又有鲫鱼性状的子代，这种金鱼的尾鳍由双尾变成了单尾。这种创造性的成绩在当时达到了世界领先水平。

屠格涅夫说：“知识比任何东西都能给人以自由。”从古至今，屹立于世间最璀璨、最明亮的那颗明珠就是“知识”。人生须臾，在这个知识创造价值的竞争年代，对于我们每一个人来说，拥有了知识才能“海阔凭鱼跃，天高任鸟飞”。

没本事的人生气，有能力的人争气

人的一生短短几十年，不可能事事如意，工作、学习、爱情、事业上也可能遭受挫折，可能会遭到别人的冷嘲热讽。如果只是生气哀伤只会无济于事！有位诗人说过“不让自己快乐起来是人的最大罪过！”生气那是跟自己过不去，这也正好证明了你还没有让别人信服和认可的资本！不懂得去争取、去改变，只会怨天尤人，那你便注定无法成为快乐的人！而争气就不同，它会使你充满斗志，会使你积极地改变现状，摆正自己的心态，平心静气；会使你做得更好，用事实去赢得别人的尊重及喝采！

是的，很多事我们其实不必去生气和计较。愚蠢的人才会一味地去生气、一味地跟自己过不去！而聪明的人就知道去争气，不会理会流言飞语！因为有一味去生气的时间和精力，还不如放在工作学习和事业上！让自己的知识领域拓宽，让自己睿智起来，这样才会让自己的实力增强！

人应该争气，不必因为别人的流言蜚语而生气，努力改变别人的看法，证明你是对的！

晓燕就是一个自己有志向、争气的女孩子，她以她的成就告诉所有当初嘲笑她的舍友们，她可以靠自己！

她是一个很倔强的女孩，毕业于上海一所大学。早在上学的时候就听同宿舍的舍友说：“现在的大学生，尤其是咱们女同学毕业以后想过得好只有两条路，一条是找个有钱的老公，另一条是傍一位有钱的大款。除此之外，别无他路。”她所说的两条路都是和人的年龄、外貌相关的，至于学历、能力根本不需要。依舍友的思想，她们准备在学校的时候拼命打工，等到毕业以后去医院做个整容手术，然后把自己推销给一个有钱的男人就算大功告成了，就不用再辛苦地工作了。

当时她很生气，因为她们说的好像就是自己，因为自己在宿舍是公认长得最水灵的，为什么人的命运会悲惨到只能靠自己的容貌才能过上优越

的生活呢？所以，当时她下定决心，一定要争气，证明自己不靠男人也能成功。

毕业以后，她没有像其他大学毕业生一样投进求职生涯，而是拿出自己的积蓄开办了一个网站。网站内容主要以个人创业为主，但是几个月后由于资金的不足，点击率一直没有起色。但是她没有放弃自己的理想，她从父母和朋友那里借来资金，继续经营她的网站。刚开始时她的公司只有几个和她一样的热血青年，但她和他们一起，凭那点资金还是把网站办起来了。不到半年，她的公司就有了几十个人，而且效益很好。

晓燕在学校的时候，她就被认为以后会拿自己的容貌做交易品、靠男人生存，因为她有张漂亮的脸蛋。当时的她并没有和宿舍的舍友们生气，而是暗暗下决心，自己一定要争气，证明自己是有能力的。虽然经过了失败，但是最后她终于成功了，实现了自己的创业梦。诚然，人是感性动物，生活中经常都会碰见让自己生气的事，甚至会被人看扁。

和她一样，珍珍因为别人的嘲笑，发奋努力，最后成就了自己的事业。

珍珍高中毕业以后，就在上海郊区的服装厂打工。有一次，她和姐妹们一起到淮海路逛街，当她走到一家专卖店门口时，被一件裙子吸引住了。她于是走了进去。

她仔细打量着那件裙子，她好想买，可是一看价钱，她又退缩了，可她真的很喜欢……

这时，她听见了一些刺耳的话：“真是，买不起，看什么看。看也买不起，进这店的都是有钱人。一个月的工资就差不多……”

她的那些姐妹也听见了，她们准备上去和那些导购理论。可是珍珍没让她们去，但她的内心还是受到了打击。回到厂里以后，她就准备一定要赚很多钱，再也不要让别人瞧不起了。

珍珍想，这样打工一辈子也睁不了大钱，只有自己当老板。可是在上海，想当老板并不是件容易的事，可是她决定了，一定要在上海赚大钱。

也许是机遇，她所在的厂子因为经营不善，老板欠了很多债，急于把工厂转卖。珍珍一看时机来了，就从朋友手中借了点钱，把厂子重新办了起来。由于她以前在厂子里的人缘就很好，大家也都愿意跟她干，还是那

帮员工，却以不一样的状态开始了工作。

如今的珍珍已经小有名气了，当她再次走进那家专卖店时，她收获的是更多的尊重和羡慕。

珍珍在导购嘲笑她的时候，并没有生气，而是用行动证明了自己。

然而，很多人在碰到此类事情时往往会情绪化，会生气，其实生气无益。俗话说的好，气大伤身。人要善待自己，对自己好一点。生气只会让自己不快乐。失败并不可怕，被人嘲讽看不起也不可怕！可怕的是自己被自己看扁！

人在生气时，应该想，为什么我这么容易生气？那是因为自己喜欢逃避，不想面对现实！最好的办法就是让自己做得更好。生气不如争气！因为生气只会让别人感觉到你自制能力差。一味深浸在低落的世界里，让自己滞留在原地，那是最愚蠢的做法。越是逆境，越要保持良好的心态。生气是没有用的，只有自己去争气那才是唯一的出路！

做个争气的人，挑战自己吧！

开启智慧的密钥就能获取最新的认知

知识，犹如一股清泉，能给我们的心灵带来甘甜的快乐。与知识同行，它将成就你的一生。知识是人生一种最好的时尚，它美不胜收。与知识同行的人，思维活跃，心境开阔；他们始终生活在一种和谐、宽容的环境里；他们或许学历并不是多高，但是，一定有内在的文化修养。在遇到紧急情况时，他们大多能保持冷静的头脑，认真分析，从而得出解决问题的办法。有知识的人，他们从来不会乱说话，而是言必有据，每一个结论都是通过合理的推理得出的，不会人云亦云，信口开河。高尔基曾说：“学问改变气质。”而知识将成就一个人的一生，它是气质、精神永葆青春的源泉。

张董事曾讲述了这样一段经历："有一次，我正在争取一家大型购物中心在台湾地区的代理权，跟我竞争的有另外一家食品公司，资产超过250亿人民币。我知道，要开一家大型的购物中心，财力是相当重要的，而我的公司资产才不过1亿元，但是，最终我还是胜利了。"

朋友好奇地问："你到底有什么秘诀啊？事实上，1亿元对250亿元，如果我是你，我早就放弃了。"张董事笑了："其实，我能获取最后的胜利，是因为知识。这个厂商来自荷兰，总裁只有四十岁，我跟他聊天，聊到最后，我就问他'总裁啊，你到底是喜欢打高尔夫，还是喜欢游泳，或是喜欢慢跑呢？还有没有其他的嗜好？比如美术？'荷兰的总裁却说'所有的成功者都是阅读者，所有的领导者都是阅读者，我当然最喜欢的就是阅读。'"

停顿了一会儿，张董事继续说："阅读，我平时也很喜欢阅读，于是我询问他喜欢阅读哪方面的书籍，他说自己喜欢研究中国的哲学，言谈中，涉及了老子。对于老子这位哲学家，我已经有三十年的研究史了，我们都很兴奋，最后谈得这位荷兰总裁不亦乐乎，他对我的整个哲学理念很佩服，当即决定拜我为师。你说，都这样了，这个合约还能签不下来吗？"

试想，假如张董事少读了老子的《道德经》，他就将少赚59亿元，而他多读了一本，就多赚了59亿元。对于知识，我们要不要与之同行呢？万一你遇到了一个美国客户，他喜欢读庄子怎么办？我们不难得出这样一个结论：一个人要成功，他的知识非常重要。因为与知识同行的人，无论身在何处，都能够显示出学识和智慧兼备的优雅与自信，这就是知识的魅力。

海伦·凯勒，美国著名的女学者，她在一岁半时就因病成为一个盲聋哑人。后来，在家庭教师沙利文的热情关照下，她凭着自己顽强的毅力，学习了数学、自然、法语、德语，最后，以优异的成绩考取了哈佛大学女子学院。因为知识，她完成了14部著作，并把自己的一生献给了盲人福利和教育事业。知识，改变了她的一生。

第一次接触知识的时候，老师沙利文带着海伦走到喷水池边，要海伦

把小手放在喷水孔下，让清凉的泉水溅在海伦的手上，接着，老师在海伦的手心写下了“water”这个单词。那是海伦第一次感受到知识的力量。后来，海伦回忆说：“不知怎的，语言的秘密突然被揭开了，我终于知道水就是流过我手心的一种物质。这个字唤醒了我的灵魂，给我以光明、希望、快乐。”

后来，海伦·凯勒进入了位于马萨诸塞州的剑桥女子学校。在1900年秋季，海伦再申请进入哈佛大学拉德克利夫学院就读，这对于一个失明和失聪的女子而言，可说是令人难以置信。在哈佛学习四年之后，她以优异的成绩获得了文学学士学位，成为了首位毕业于高等院校的聋哑人。

知识成就了海伦·凯勒的一生，在获得成功之后，她没有忘记了那些生活在无声世界或黑暗世界中的孩子们。她将自己一生所学得的知识贡献给了盲人福利和教育，她希望更多的盲人孩子感受到知识的快乐。对此，有人曾这样评价她：“海伦·凯勒是人类的骄傲，是我们学习的榜样，是人类善良的表现，相信她的事迹能成为后世的典范。”观察那些外表平平，甚至带有某些缺憾的人，是什么成就了他们的一生呢？当然是知识，也只有知识才能成就他们辉煌的一生。

第11章 清净身心：回归到纯真自由的境地

保持一个良好的心态，是我们在人生中取得持续成功的关键，同时，也是善待自己的最佳途径。因为人是情感动物，心态高低、健康与否对我们非常重要。心态的外在形式最终表现为一种精神风貌，而心态的内在体现则将直接影响我们的身心。

关注自己，不要总去关心别人的隐私

在生活中，大多数人总会有这样一个通病：关注自己太少，关注别人太多，而且他们所关注的恰恰是别人的隐私。不可否认，好奇心是人的天性，每一个人都有窥探别人隐私的欲望。但是，在人际交往中，那些所谓的秘密，还是少知道、不知道为好，尤其是别人的隐私。将那些四处打听别人隐私的精力和时间花在关注自己的身上，比如，看看自己是否工作退步了，是否生活颓废了，这样，你的心灵才会得到前所未有的释放。

如果你知道了他人的隐私，与此同时，你也就有了保守别人隐私的责任。那些告诉你秘密的人就多了一分对你的顾虑，担心你会将他的隐私泄露出去。如果有一天秘密被泄露出去了，即使你根本没有说出去过，但也脱不了泄密的嫌疑，你将成为被唾骂的对象。而且，一旦你陷入窥探别人隐私的泥潭中，你将会千方百计地打探别人的隐私，甚至，会为某些无意中得到的小道消息而睡不着、纠结、兴奋、痛苦，心里有一种说不清道不明的滋味。此时，你的心灵已经承担了重负，无法轻松起来了。

阿美是出了名的大嘴巴，她总喜欢跟自己的好朋友分享一些“新闻”，那些“新闻”也就是谁又离婚了、谁的老公在外面又有外遇了，等等。阿美总是热衷于这样的话题，似乎看着别人家庭的不幸就是自己最大的快乐。只要一有风吹草动，阿美就急忙约上好友一起谈论这些事情，并在一起进行讨论、分析。

有一次，她在外面喝茶的时候，偶然看见办公室同事琳琳的老公正与一位年轻貌美的女子喝茶。阿美想起琳琳平时总是心高气傲，还逢人就夸

自己老公如何如何能干，现在看到她老公作出这样的行为，阿美不禁暗暗发笑。次日上班的时候，大嘴巴的阿美就跟办公室的同事分享了这个“新闻”，正在大家说得津津有味的时候，琳琳脸色阴冷地走了进来。原来，琳琳在去卫生间的时候，正巧听到了阿美跟同事说起这事，到了办公室，听见阿美还在大肆地谈论此事，本来心气就很高的琳琳怎么能容忍整个办公室的人都在谈论自己老公的桃色新闻呢？

琳琳当天就请假回家了，之后一直没有来上班，有人说她辞职了，也有人说她离婚了。而办公室的同事都对琳琳的遭遇报以同情，而对谈论他人是非的阿美就开始避而远之了。

像阿美这样总是关注他人隐私，喜欢在别人背后说三道四的人，无疑是让身边的人憎恶的。一个沉默寡言的人，相比较那些满嘴流言飞语，甚至爱拨弄是非的人，会很好地融入人际交往中，而后者则会成为大家厌恶的对象。

如果你想在人际交往中成为一个受欢迎的人，那么，学会关注自己，千万不要去关注或谈论他人的隐私。不该打听的事情不要去打听，不该说的话千万不要随便乱说，尤其是他人的隐私，更需要谨慎对待。即使是你无意中听到了他人的隐私，也不要到处张扬，更不能逢人就说。每个人都需要有一个自由的空间，你的尊重或许会换来他对你的信任。

小松性格比较内向，平时在公司也不善言辞，似乎都快被上司和同事忽略了。而他倒显得自得其乐，总是一个人默默无闻地坐在办公室的角落，只专注于做好自己的分内工作。

这天，他把手上的工作做完已经过了下班时间了，偌大的办公室就只剩下了他一个人，他一边收拾东西一边哼着歌。突然，他想起来了有一份重要文件还在里面，于是，他轻轻地推了推主管办公室的门，门一下子就开了，他却站在门口惊呆了：办公室里，主管正亲热地搂着助理，小松手足无措，愣了一会，飞也似的逃离了办公室。

第二天，小松装作若无其事地来上班，他一向不喜欢去打听别人的隐私，即使无意中看到了，也会缄默不语，而他现在最关心的就是自己那尚未完成的工作。在办公室碰到主管和助理，也像什么事情都没发生

过一样。

过了几天，办公室并没有出现什么流言飞语，主管也开始重新审视小松的工作能力，并开始慢慢重视他。

虽然，小松无意中知道了主管和助理的隐私，但是他并没有把自己的所见所闻告诉其他同事，而是选择了沉默，只全身心关注自己的工作。其实，道理就是这样，有那么多空余的时间去打听别人的隐私，还不如将那点时间充分地利用起来，用在工作上、学习上，未尝不是一个好方法。要学会关注自己，他人的隐私，即使你无意中知道了，最好的方式是三缄其口，把别人的隐私永存心底，或者把它忘掉。

远离八卦的娱乐世界，快乐和幸福来源于自己

很多时候，快乐与幸福来源于自己。叔本华在《人生的智慧》中道出了自己对人生的见解：无论世界怎样变化，无论周围的人怎样对待自己，快乐与幸福永远都是来源于自己。或许，我们可以说，只有来源于自己的开心才是最幸福的。许多人总是将快乐寄托在别人的身上，看到别人笑才会开心，听到别人的赞美和感谢才会高兴。但是，随着时间的流逝，我们会发现，来自别人的快乐只是暂时的，很多时候只能留下零星的记忆。

现代社会，经济迅速发展，生活节奏也越来越快。在如此紧张的节奏下，人们发现自己越来越难以捕捉到生活中的快乐与幸福了。于是，许多人开始关注别人的生活，比如活跃在大屏幕上的明星，慢慢深陷在娱乐界的八卦新闻中：今天，某某女明星陷入离婚危机；明天，某某男明星吸毒入狱。那些娱乐界的八卦新闻似乎比电影情节更吸引人，成为了人们茶余饭后的谈资。八卦着娱乐世界的是是非非，他们感到很兴奋，因为他们所

谈论的对象是高高在上的明星，但在他们身上却无一例外地发生了一些普通人的故事。于是，越来越多的人陷入八卦的娱乐世界中，他们错把那一瞬间的兴奋当成了幸福。

豆豆今年25岁了，她在一家外企公司工作，每天过着朝九晚五的生活。按理说，这样年龄的女生已经过了追星的年龄，可是，熟悉豆豆的人都知道她每天最大的兴趣就是八卦明星的生活琐事。

每天，豆豆很早就到了公司，打开电脑，点击“娱乐新闻”，这已经成为了她生活的一部分。豆豆细细浏览那些八卦的娱乐新闻，一会儿笑，一会儿气得摔鼠标，一会儿又捂着嘴巴偷笑不止。紧接着，她嘴里就会冒出一大堆话来：“哎，谢霆锋和张柏芝离婚了，当初我多么看好他们啊，金童玉女啊，我再也不相信爱情了”、“话说，华仔有了一对双胞胎女儿，真的还是假的啊”……

同事就纳闷了：“豆豆，你每天最开心的事情就是八卦娱乐世界，有那么开心吗？”这时，豆豆就会摆出一副很无奈的表情：“我也是没办法，工作压力太大，每天找不到更多的不费脑子又让我开心的事情了，我这是自娱自乐。时间长了，我也就习惯了，每天不看娱乐新闻就会觉得少了点什么。”

难道我们对开心的奢求到了仅将它们寄托在八卦的娱乐世界的地步了吗？其实，真正的快乐与幸福来源于自己。源于自身的快乐，是持久的，因为你快乐了，相应地，你的心态就好了。但是，如果你将这种快乐寄托在别的事物上，那么，那种被动的感觉，自己无法左右，还会自欺欺人地说自己很快乐。

这是一篇已经年逾50的周先生所写的日记。

不知道哪位名人说过：幸福不是得到的多，而是索取的少。一个人容易满足，幸福快乐就会常相伴！

元旦节，女儿女婿来看我，一家人享受天伦之乐。在这短短三天中，我陪着他们逛街，我为他们花钱，看着他们吃喝玩乐。在拥挤的地铁，他们给我让座；在熙攘的大街，他们小心地扶着我。我感到很快乐，这是我内心深处的快乐。

今天清晨，我听着音乐来公司上班，看到环卫工人、出租车司机的辛苦，我感到自己比他们幸福；看着晨练的人，看着他们脸上洋溢着的笑容，我觉得自己能够自由地呼吸该是一件多么值得庆幸的事情。

周先生虽然已经年逾50了，但是，他的快乐却十分简单。原来，远离了那些八卦的娱乐世界，我们一样能获得快乐，而且，源于自身的开心将会让我们感到更幸福。真正的快乐与幸福来源于自己，意味着我们不能寄快乐与幸福于宣泄与玩乐之上。一个人内心的快乐，就是找到自己真正喜欢的事情，真正想做的事情，不畏现实地投入全部的热情，只是单纯地喜欢。

真正快乐的力量来自于心灵，而不是八卦的娱乐世界。拥有快乐的心情才会感觉到活着是美好的，内心是喜悦的，还有一丝抑制不住的真诚微笑，那是一种美妙的内心感受。真正的快乐是生命本性的自然流露，从某种程度上说，只有不在乎外在的虚荣，快乐幸福才会润泽你的心灵。

脱离肥皂剧，多读书更愉悦心灵

无聊的周末，闲来无事的时候，相信许多人都会选择看电视来打发时间，排遣寂寞。当然，看电视是依照个人兴趣爱好，有人喜欢音乐，有人喜欢电影，有人喜欢肥皂剧。现代社会，许多媒体打出了“娱乐至死”的口号，无一例外地吸引了很多观众的目光。在媒体的大力宣传下，琼瑶剧、韩剧层出不穷，而越来越多的人爱上了肥皂剧。何谓肥皂剧，顾名思义，就是一些毫无营养的电视节目，只是浪费时间，你从中学不到任何有价值的东西，大不了就是陪着剧中的主人公大哭一场，或者一个人长吁短叹。虽然，看电视是一种休闲活动，但是，如果总是一味地沉浸在肥皂剧里，只会使自己的心灵受束缚。

相比较看那些毫无营养的肥皂剧，不如选择阅读书籍，因为多读书会

让你的心灵更愉悦。塞缪尔·斯迈尔斯在《自助》中说：“Man is what he read 。”意思就是“人如其所读”，很多时候，一个人所表现出来的言行举止，其实正在被他人所“读”，你的修养、气质、智慧正从你的一言一行、一举一动中流露出来。读书的习惯，就好像女人坚持用化妆品一样，一个人需要保持阅读的习惯，这样才能丰富自己的心灵。肌肤需要汲取水分，也需要汲取营养，心灵与肌肤一样，也需要汲取养分才不至于空虚，不断地积累知识，才能让心灵饱满充实。而书籍是最好的养分，是修身养性的法宝。而肥皂剧则是没有任何营养的、空有噱头的、娱乐大众的无聊节目。

肥皂剧就是指一系列持续很长时间的、虚构的电视剧节目，每周安排多集连续播出，因此又称系列电视连续剧，其实就是大家俗称的“偶像剧”。它起源于早期的欧美电视。晚间，电视台会播放一些搞笑的短片，没有深刻内涵，只求一笑，在这些短片里经常会夹杂着一些肥皂的广告。久而久之，大家都以肥皂剧来称呼这些短片。

人们常看的许多肥皂剧都来自港台地区，以庸俗的故事情节、空洞无味的台词、俊男靓女的主角为标准特征。在肥皂剧里，不乏一些标志性的台词，比如，“是你逼我的……”、“你要多少钱才肯离开我女儿？”、“对不起，请你不要离开我”，等等。

于是乎，为了打发时间，为了放松心情，为了能看见俊男靓女的爱情故事，许多人甘愿成为肥皂剧的忠实粉丝。也正因为有这样一些疯狂的电视迷，所以2005年的超级女生收视率居然超过了央视的春晚收视率。可是，娱乐之后是什么呢？是心灵无尽的空虚感。如果你想保持健康的身心，那么，请远离肥皂剧！

冰心是当代文坛巨匠，她喜欢天真烂漫的小孩子，所以她几乎花了一生的时间给孩子们讲了无数个平凡而美丽的故事。

她自从会认字后不到几年，就开始读书，7岁时就开始读“话说天下大势，分久必合，合久必分……”的《三国演义》，12岁初涉《红楼梦》，她的一生都在孜孜不倦地进行阅读，阅读了大量的中外文艺作品，这为她后来成为当代文坛巨匠奠定了基础。冰心有一句响亮的话：“我永远感到

读书是我生命中最大的快乐！”她从读书里学到了为人处世的道理。

1986年，她从日本访问回国后因为腿受伤了，就闭门不出，把“读万卷书”作为自己唯一的消遣。她几乎每天都会阅读很多的书刊，书读多了，她就会比较，有选择性地读书，这让她倾向于阅读那些有真情实感、质朴的文章。有一年的“六一国际儿童节”，一家儿童刊物要求冰心给儿童写几句指导读书的话，她只写了九个字“读书好，好读书，读好书”。

至今，冰心那句“读书好，好读书，读好书”的至理名言，依然鞭策着众多爱好读书的人奋力前行。“腹有诗书气自华”，一个坐拥书城的人，即使是衣着再普通，也难以掩盖那浑身洋溢着的书卷气。

与电视剧一样，书籍也是人们选择的休闲活动之一。而读书对于每一个人来说，都是一种最好的修身养性的方法，也是最有效的方法。一个人如果读了一本好书，他就会不断地汲取书里的好思想、好品德，久而久之，在他身上自然会流露出一种优雅的气质，潇洒而淳厚，高雅而迷人。所以，请远离肥皂剧，多读书吧，这样会更愉悦你的心灵。

太在意别人的目光会失去自我

卡内基说：“你见过一匹马闷闷不乐吗？见过一只鸟儿忧郁不堪吗？之所以马和鸟儿不会郁闷，是因为它们没那么在乎别的马、别的鸟儿的看法。”在生活中，许多人因为太在意别人的目光而失去了自我，这是得不偿失的。当然，我们作为社会人，生活在各种各样的关系中，完全不在意别人的目光那是不可能的。事实上，我们对自己的评价，很多时候是需要借助别人对我们的看法而做出的。因此，对于别人的目光，我们需要考虑，但并无需过分地注重，否则，你就会感觉到自己活得很累。你总是在想别人是怎么看待自己的，你总是通过别人的目光来修正自己，到最后，你会完全失去自我，从而变成一个别人目光中的自己；更为严重的是，你

将变得闷闷不乐、忧虑不堪，直至完全失去心灵应有的轻松与快乐。

在很多时候，我们会特别羡慕那种所谓的“好人缘”，似乎每个人都能与他聊到一块去，他说的每一句话，所做的每一件事，都是以大家的目光为标准。在公司，上司说这个方案不行，他不予反驳，马上改成了上司喜欢的方案；挑剔的同事说，你今天的打扮好像不太和谐，第二天，他就真的换了一套同事眼光中的服饰；在家里，爸妈说，你新交的男朋友没有固定的工作，她就真的决定与男友分手，重新找了一个能让父母觉得满意的男朋友。在这个过程中我们会发现，自己不过是因为太在意别人的目光而已，我们已经逐渐失去了自我。

小燕是一名歌手，以前，她也有过抱怨的时候，每次上节目，她都会抱怨：“自己太辛苦，实在受不了太大的压力。有时候，因为太在意别人的目光，我需要讨好歌迷、媒体，我一年要发行两张专辑，而自己又想把工作做得更好，这样的工作量简直令我崩溃。”以前的工作时间安排得很紧，如果白天上通告做宣传，晚上还要去录音棚完成下一张专辑的录制，这样的生活超出了小燕可以承受的限度。每天，她都感觉到很累，但是，心中的怨气却无处诉说。最后，在内心快要崩溃的时候，她选择了退出歌坛。

在四年的休息时间里，小燕做自己喜欢的事情，她说：“以前大家都是看我怎么变化，而我会因此很在意大家是怎么看我的。现在我是用自己的眼光来看大家的改变。虽然，现在我年纪大了，似乎变得老了一些，但是，年龄并不是我能左右的东西，我也想永远年轻，不过却懂得这就是时间给我的礼物。在我成长的过程中，我得到的最大一份礼物是不用费劲去证明大家是怎么看我的，而是只需要做自己喜欢的事，跟着自己的步伐。在以后的时间里，如果我能完全坚持自己的选择，那就是最好的生活。”或许，年龄对于小燕来说，似乎大了一些，但是，在这样一个年龄，正是一个不需要讨好任何人的时候。

最近，小燕复出了。在工作上，她已经与唱片公司达成了一致的意见，不需要拿任何事情炒作新闻，同时，不需要为了赢得名气而故意报唱片的数字，自己可以自由自在地唱歌，这恰恰是小燕最喜欢的一种状态。

小燕告诉所有的媒体："我不需要讨好所有的人，我不需要在意别人的目光，我只需要做自己喜欢的事情。"然而，就是这样一句话，令所有的媒体工作者既羡慕又嫉妒。因为对于媒体工作者，他们的无时无刻不在在意别人的目光，讨好所有的人，从而将自己的委屈和自尊放下。每天，都有许多人为了人际交往，为在意别人的看法而活，他们在这样的过程中感到很累，甚至感觉到心力交瘁。

在生活中，不管是一个什么样的人，不管这个人做不做事，是少做事还是多做事，做的是什么事，他都会招来别人的看法和评价。而对于那些目光和议论，有的人会把它作为自己行动的标准，他们很在意别人是怎么看待自己的。结果所导致的情况是，他们在做事情时畏首畏尾，把自己搞得很紧张，好像自己在为别人而活似的。其实，根本没有必要这样，因为我们不是演员，我们的目的就是要做好自己的事情，那么，何必那么在意别人的目光呢？

保持自我，不要成为社会化的标准机器

古往今来，那些成大事者，并不是因为他们具有非凡的才能，而是他们能够保持自我。在任何时候，他们都能够捍卫自己的人格，保持自己的本色。相反，那些随波逐流、见利忘义的小人，最终会被历史踩在脚下。一个人活在这个世界上，若是要想有所作为，就需要保持自我。保持自我，换句话说，就是走自己的路，让别人去说吧。只要是你认为正确的事情，该做的事情，就不要在意别人怎么看，按自己想的做，你才会将事情做成功。面对复杂的社会，保持自我至关重要，千万不要随波逐流，让自己成为社会化的标准机器。

一个人从呱呱坠地，到逐渐长大，对于成长，他们都有着自己的想法。但是，一旦进入社会这个大染缸，他们的心便慌乱了，内心一直坚持

的信念就会动摇。原本有棱有角的他们经过岁月的打磨，变得圆滑了，他们无一例外地成为了社会化的标准机器。社会化的人，就是那些人云亦云、没有主见的人；社会化的人，就是那些随波逐流，从来不会为自己开辟一条路的人；社会化的人，就是那些一旦被质疑就服输的人，他们从来不敢为自己争取应有的权益。在社会的压力下，他们渐渐失去了自我，由于群体化的影响，他们变得如同车间里的机器一样，缺乏了应有的思考力和创新力。

小泽征尔是世界著名的交响乐指挥家，在他还没有出名之前，就曾参加了一次世界优秀指挥家大赛。在决赛中，他按照评委会给出的乐谱指挥乐队演奏，在指挥过程中，小泽征尔敏锐地发现了不和谐的音符。

刚开始，他以为是乐队的演奏出现了错误，于是，他停下来重新指挥，但是，演奏还是出现了不和谐的声音。他没有犹豫，当即指出："我觉得乐谱有问题。"这时，所有在场的作曲家和评委会的权威人士都坚定地说："乐谱绝对没有问题。"面对着权威人士的质疑，小泽征尔涨红了脸，但还是斩钉截铁地大声说："不！一定是乐谱错了！"话音刚落，评委们全部站了起来，对他报以热烈的掌声，祝贺他通过了决赛。

原来，乐普不过是评委们精心设计的一个"圈套"，其他的许多指挥家在遭受到权威人士质疑的时候，都选择了退却或沉默，而只有小泽征尔坚定地保持自我，也止因为如此，他获得了最后的成功。

保持自我意味着你将愉悦地接受自己，包括自己的判断力和思考力。在生活中，许多人总是抱怨"我真笨，这么简单的事情都做不好"、"我怎么不像其他人一样呢"等等，在他们的言语中充满着对自己的否定和遗憾。大多数人所拥有的就是好的吗？事实并不是这样的，每个人都是独一无二的，你所需要做的就是保持自我，不要让自己成为一个社会化的人。

"安能摧眉折腰侍权贵，使我不得开心颜。"这是李白对黑暗的官场发出的呐喊。当时，初入仕途的李白并没有改变自己的立场去适应那腐朽的官场，而是保持了自我；"人生自古谁无死，留取丹心照汗青。"面对严刑拷打，文天祥发出了仰天长叹，他用自己的鲜血和生命保持了自己伟大的人格。而那些没能保持自我，诸如卖国求荣的汪精卫，他曾因正义而

去刺杀清朝官员，但后来却选择背叛国家，如此随波逐流、轻易改变自己的信仰的行为令世人不齿。

活跃于社会交际中，如鱼得水，这是每一个人的梦想。于是，越来越多的人成为了社会化的人，他们丢掉了内心最初的东西，诸如正义、善良、真诚。每天，他们变换着不同的面孔，让人分不清真假。可是，交际之后是什么呢？每当夜深人静的时候，他们却遭受着心灵的叩问，自己为什么就变成了这样？所以，面对社会这个大染缸，要保持清醒的头脑，保持自我本色，千万不要让自己成为社会化的标准机器！

信马由缰地思考，给予大脑和心灵以活力

在很多时候，决定我们人生命运的绝不仅仅是能力、环境和外在条件，而是我们内心的想法。当你有了某种信念，你的命运会因自己的想法而改变，这本来就是一种潜意识的力量。假如我们想将自己某种好的方面表现出来，并将积极的想法灌输到潜意识里，只需要时刻保持良好的心态，自然就会心想事成。世界上，多少人按部就班地生活着，他们最终被这个社会所遗忘；而另外一些擅长天马行空般想象的人，他们则成为了被历史所铭记的人。

或许，大多数人所怀着的只是这样的想法："过平静的生活"、"就这样吧，折腾什么呢"。少数人会想象：希望自己将来能像松下幸之助一样成为获得巨大成功的实业家，希望进入自己梦寐以求的公司，谋得一个称心如意的职位，等等。但是，最终，有的人能够实现自己的愿望，走向成功的人生；而有的人却不管怎么努力也达不到自己的理想，只能过着不幸福的日子。约瑟夫·墨菲说："决定你命运的绝不是才能，更不是环境和外在条件，而是你的思考方式，即你的想法。"一个人要敢于摆脱陈旧的思想、循规蹈矩的思考方式，任由自己天马行空地想象，给予大脑和心

灵以活力，在某个不经意的时候，你会发现自己真的会梦想成真。

有一位年轻的乞丐，每天总是懒洋洋地斜躺在地上，在面前放一个破碗，旁边还放着一根讨饭棍。许多人从他身边经过，有的人觉得他可怜，就会在他的破碗里丢几个硬币，年轻的乞丐似乎很享受这样的生活。

有一天，西装革履的律师找到了乞丐，对他说："先生，您好，您的一个远方亲戚不幸去世了，留下了三千万美元的遗产，根据我们的调查，您是这笔遗产的唯一继承人，所以请您在这份文件上签个字，这笔遗产就属于您了。"在这一瞬间，这位年轻人从一无所有的乞丐变成了富翁，这件事轰动了社会。一位记者前去采访他，好奇地问道："您得到这笔三千万的遗产后，最想要去做的是什么事呢？"年轻人回答："我首先要去买一个像样一点的碗，再去买一根漂亮的棍子，这样我就能像模像样地讨饭了。"

由于常规、陈旧的思维，导致了乞丐即使在得到巨额遗产之后依然愿意当一个乞丐。约瑟夫·墨菲这样解释："你衷心期盼的必将能够实现，最重要的莫过于思考方式。人生就是自己想象出来的，人的一生，就是为自己思考的一生。"循规蹈矩地思考，你所过的不过是庸庸碌碌的生活；而信马由缰地思考，你的人生定会绽放出不一样的光彩。

克里斯托莱伊恩是英国一位年轻的建筑设计师，他很幸运地被邀请参加了温泽市政府大厅的设计。他运用工程力学，再根据自己的经验，很巧妙地设计了只用一根柱子支撑大厅房顶的方案。

一年后，市政府请权威人士对工程进行验收，对他设计的一根支柱提出了异议，他们认为，用一根柱子支撑天花板太危险了，要求他再多加几根柱子。伊恩却说："只要用一根柱子便足以保证大厅的稳固。"他列举了相关实例加以说明，并拒绝了工程验收专家们的建议。

后来，伊恩的固执惹恼了市政官员，他险些因此被送上法庭。在万不得已的情况下，他只好在大厅四周增加了四根柱子。不过，这四根柱子全部没有接触天花板，它们之间相隔了不易察觉的两毫米。

时光如梭，岁月更迭，一晃就是300年。300年的时间里，市政官员换了一批又一批，市政府大厅坚固如初。直到20世纪后期，市政府准备修缮

大厅的天顶时，才发现了这个秘密。

消息传出，世界各国的建筑师慕名前来，观赏这几根神奇的柱子，甚至有人把这个市政大厅称作“嘲笑无知的建筑”。最为人们称奇的是克里斯托莱伊恩留在中央圆柱顶端的一行字：自信和真理只需要一根支柱。

爱默生说：“相信你自己的思想，相信你内心深处认为是正确的。”对于权威，我们应该尊重，但是，过分地尊重有时会束缚自己的思考力，使得大脑与心灵丧失了应有的活力。许多人总是循规蹈矩地思考，那是因为他们对自己的想法不确定，不敢展开天马行空般的想象。当然，信马由缰地思考，并不是盲目地思考，而是需要深厚的知识和经验积累作为其坚实后盾的。

了解世俗，但不必逢迎

一说到“世俗”，就连那些目不识丁的老太太倾刻间也会心领神会。“世俗”到底是什么？举个很简单的例子，如果你想问题、做事情以及处理大大小小的细节方面都会按照与别人一样的方法做的时候，那么，你就世俗了。当然，对待世俗，每个人都有自由选择的权利。任何一个人都可以选择世俗，也可以选择超凡脱俗。虽然，“世俗”确实是存在的，但是，人们在谈到它的时候，难免会皱眉，这个词儿毕竟是贬义大于褒义。做为社会中的一分子，如何对待世俗，才能获得身心轻松呢？

对世俗，我们应该了解，也应接受。你应该明白，哪些是世俗的，并且接纳它们。当然，你也可以选择与屈原一样，不与世俗同流合污。然而，我们却不可能成为屈原。当别人都在骂我们是疯子的时候，你大概没勇气像屈原一样对他们说出“世人皆醉我独醒”的“疯话”来。因此，我们需要了解世俗、接受世俗，但不应逢迎世俗。简单地说，我们可以很好地融入世俗的社会，但是，自己却不要成为一个世俗的人，所谓“出淤泥

而不染”，说的就是如此。

陶渊明曾写了这样一首诗：“少无适俗韵，性本爱丘山。误落尘网中，一去三十年。羁鸟恋旧林，池鱼思故渊。开荒南野际，守拙归园田。方宅十余亩，草屋八九间。榆柳荫后檐，桃李罗堂前。暧暧远人村，依依墟里烟。狗吠深巷中，鸡鸣桑树巅。户庭无尘来，虚室有余闲。久在樊笼里，复得返自然。”

在封建社会，多少人读书不过是为了求得一官半职，但陶渊明却竟然不愿为五斗米折腰，愤而辞官归隐。他两袖清风，遁于田野，如此的高风亮节确实让人心向往之。

官场黑暗，陶渊明选择与世俗无缘，愤然辞官归隐。当然，做出这样超凡脱俗的举动是不为世人所理解的，代价也是很大的，不过，笔者对于他们的胆识和傲骨还是由衷地佩服。作为现代社会的我们，早已经成为了社会中的一分子，夹杂在各种各样的关系中，我们不能脱离社会而独立存在。或许，我们做不到无缘世俗，但却可以做到“不逢迎世俗”。

历史上，有许多“世俗”到了极点的人，正因为他们将“世俗”做到了极端，慢慢地，从世俗走向了卑鄙、无耻、市侩。比如一千多年前的秦桧，就是一个世俗到极点的人，为了一己之私而不择手段：假传圣旨宣岳飞收兵回府，将岳飞父子以“莫须有”的罪名杀害于风波亭。因过度世俗，秦桧成为了历史上卑鄙无耻之徒的“典型”。

他饰演的方鸿渐，脸上挂着一种茫然的笑容，他很瘦，目光里有一种说不清的东西。有人说他的魅力在于眼神，那么锐利而内涵丰富。在低头的时候，他的目光隐隐传达出黑夜的气息；抬头的时候，目光明澈，像冰冷的阳光。

有人说，陈道明是活在夹缝中的人。在他那精湛而的艺术生活中，感性与理性并存，清高与亲切并存，冷漠与多情并存，超脱与世俗并存。听说，陈道明平时就爱干四件事：读书、上网、弹琴、打球。不过，在网上一个关于他的资料库里，还赫然写着：麻将。看来，对于世俗的东西，他还是接受的。

大多数明星喜欢活在鲜花与掌声中，但他却不一样，低调的华丽显

示出他超凡脱俗的气质。许多明星硬是编也要为自己编一个绯闻故事，但他却远远躲着绯闻。对于世俗，他从来不逢迎，问到他最喜欢的事情，他只是这样回答："我最喜欢的事？就是搬一凳子，往那儿一坐，看天发呆。"

张爱玲曾在《天才梦》中说："……直到现在，我仍然爱看《聊斋志异》与俗气的巴黎时装报告……"似乎，她这个女人确实俗透了，但是，仔细一端倪，才发现她的世俗却又是别具一格的。生活中，没有一个人能真正地做到超凡脱俗，我们不过都是一介凡夫俗子，又怎会脱离世俗而存在呢？对世俗，我们要多了解，主动接纳它，但是，对于世俗的人和事，不要曲意奉承，而要努力做好自己。

第12章 驱散阴霾：世事无常让自己学会忘忧

人生无常，事事变幻，本是所有人一生境遇的写照，人生轨迹也会在这种无常和变幻中有所改变。生命犹如一次远行，在我们驻足的人生小站，必然会经历很多风雨，必然会有很多事拨乱你的心弦。生活中有时不免会出现几朵令人忧郁、烦恼的花，破坏你的好心情，使你的生活黯然失色。此时，人不妨学着在心中种一棵忘忧草，让它帮助你遮挡忧郁，给我们的心灵带来芳香与快乐。让写意的人生，充满理性的修炼、自我成长的跨越、对人性的理解和生活的智慧。

扫除嫉妒心，享受属于自己的快乐

嫉妒是与生俱来的嫉妒心每个人都有，也是一种原始情感，婴儿期孩子看到母亲抱别的孩子时会哭闹；大些，看到与自己亲近的大人疼爱别的孩子时，会情绪失落，甚至会跑过去拉扯撕咬那个孩子，这就是早期的嫉妒。上了幼儿园后，幼儿与同伴的接触多了，进行比较的机会增多，要遭受更多嫉妒情感的折磨，嫉妒的形式也随之发生变化。所以，嫉妒是很正常的心理反映。

人的嫉妒一般表现在以下几个方面：通常觉得自己某一方面感觉良好，甚至自负。例如，觉得自己样貌、身材还不错；觉得自己有哪些才艺，是过人的。很爱慕虚荣，爱攀比。很好强等。可见，这些都是一些坏习惯，也是嫉妒带来的。人不要再让嫉妒控制了。

嫉妒是一颗毒瘤，你如果不割除它，它就会在你的身体里滋长，扩散到身体其他部位，你的生命就会被它控制。嫉妒就像是蚌壳里面进了沙子，是需要用血与肉去包容的。不同的是，蚌壳里的沙子最终变成了美丽的珍珠，而人的嫉妒却是心中的毒瘤，会一点点地变大……

听说很久以前，雪山上有着一只很特别的鸟，它的身体上同时长着两个头。奇怪的是一个头经常能吃到香美甘甜的果子；另一个头却从来没有尝过美果的滋味，反而只吃到烂坏的果子。

在一个暖风徐徐的中午，这只鸟儿飞向林中觅食。正当它停下来准备享用果子时，没有尝过美果的这个头，生起了嫉妒之心，嘀咕着：“真不公平。为什么我总吃不到好东西！既然这样，今天不如吃个有毒的果子，

以后你就再也不必吃了。”

另一个头听了安慰它说：“虽然我吃了好的果子，但最终是我们一起吸收营养，得到好体力呀！”

可是，无论它怎样劝，另一个头已经被嫉妒冲昏了大脑，依然吃下了毒果。

结果可想而知。鸟儿的故事告诉人们，嫉妒心往往会带来恶果。嫉妒心不仅会伤害自己，还会伤害他人。嫉妒也像一条心灵之蛇，不但会伤害别人，还会伤了自己，纯洁的心灵怎能容“蛇”爬行？

小旭与小阳是某艺术院校大三的学生，同在一个宿舍生活。入学不久，两个人就成了形影不离的好朋友。小旭活泼开朗，小阳性格内向，沉默寡言。小阳逐渐觉得自己像一只丑小鸭，而小旭却像一位美丽的公主，心里很不是滋味。她认为小旭处处都比自己强，把风头占尽，便时常以冷眼对小旭。大学三年级，小旭参加了学院组织的服装设计大赛，并得了一等奖。小阳得知这一消息先是痛不欲生，而后妒火中烧，趁小旭不在宿舍之机将小旭的参赛作品撕成碎片，扔在她的床上。小旭发现后，不知道该怎样对待小阳，更想不通为什么她要遭受这样的对待。俩人从此以后便形同陌路，而小阳更是因此失去了最好的朋友。

小阳伤害了小旭的同时，她自己也陷入了心理阴影中。一方面，被你嫉妒的人自然是痛苦的，而同时也影响了自己的身心健康；另一方面由于整日沉溺在对别人的嫉妒之中，没有充沛的精力去思考如何提高自己，恰恰又贻误了自己的学习，一举多害。

人在婚姻爱情方面的妒忌就叫“吃醋”，它的由来是这样的：

唐太宗李世民身边有一位功臣叫房玄龄，为建立唐王朝立下了汗马功劳。唐太宗命他做了宰相，还要赐给他几个宫女做小妾。房玄龄想到自己的夫人会反对，因为夫人爱妒忌，便谢绝了唐太宗。唐太宗得知原因后，请皇后去劝说房夫人，说皇上赐给大臣妾婢，是有严格“规定”可遵的，况且房玄龄年近迟暮，皇上赐给美女也是对他格外优宠的意思。房夫人果然不给面子，断然拒绝了皇后的劝说。唐太宗见软的不行，就来硬的。他叫人递话给房夫人：“朕对房玄龄一片好意，你是要不妒忌而活着，还是宁可妒忌而死掉？”。房夫人却斩钉截铁地说：“我宁愿妒忌而受死！”太宗果然就派人给房夫人送去一壶“毒酒”，对房夫人说：“君无戏言，如果你再不同意，就请你喝了这壶毒酒自尽！”没想到房夫人毫不犹豫，端过“毒酒”便一饮而尽。然而，她并没有死，因为壶里装的不是毒酒，而是山西的米醋。太宗无奈叹息道：“我尚且害怕看见这种人，何况是房玄龄呢？”后来，人们就把妒忌形象地叫做“吃醋”。

在当时的环境和条件下，宁可放弃性命也不愿舍下妒忌之心，可见房夫人的妒忌之心有多重。

嫉妒之心每个人都有，也是与生俱来的，但不能任由它滋长，因为它是一颗毒瘤，不及时地割除它，就会因为嫉妒而伤人伤己。懂得控制自己嫉妒情绪的人才是聪明的人，才是会善待自己的人！

别再斤斤计较，从此刻开始“放下”

人是一朵会凋零的花，绽放的时间只不过几十年，可谓人生苦短。短短几十载，人何苦撑得那么疲累，何不去追求自在，学会把该放下的放下？

有些人爱追求完美，而这个世界，根本很难有完美的事物，完美了反而也是一种缺陷；相反，有缺陷的事物才真正的完美。人生更是如此，没有遗憾的人，并不一定快乐。所谓追求完美，其实是追求一种完美的心态。在生命的旅程中人也都是过客，都只是途经这里，别让那些阴霾遮住了心灵的快乐。学会把心敞开，原谅那些随沙飞扬的人，宽容那些落井下石的人，理解那些与自己格格不入的人。当无法改变他人的时候，人可以改变自己，学会放下后就会拥有更多的幸福，放下的越多拥有的就会越多。

学会放下吧，不要再执著了，也不要再斤斤计较得与失了。不能放下的你，只会给自己的心灵套上无形的枷锁。

听说以前的猎人抓猴子，就是在一块木板上钻两个孔，刚好让猴子的手能伸进去。木板的另一边放一些花生，猴子看见花生，就将手通过孔洞，伸到木板那头。而当它抓住花生时，手紧握成拳头不肯放开手中的花生，于是就无法缩回来，木板成了枷锁，猴子只能束手就擒。

猴子被捉的不幸在于他把食物看得太重，可猴子毕竟是动物，无可厚非。但这个故事却是要告诉人们，当面对得与失的抉择，如果缺乏放下的勇气，我们也难免会为自己套上沉重的枷锁，最终会因为不肯放下而被烦恼俘虏。

是的，人面对抉择，有时候放下并不是失去，而是获得了身心的自由。而面对仇恨也是一样，放下仇恨是一种宽容，是一种人生的大智慧，是可以让自己心灵真正解放的超脱。曾经有个很感人的故事：

有个长相一般的女孩英爱上了一个很俊朗的小伙子琦，他是个医生。她很爱他，她追了他五年，可是这时候的他却喜欢上了另外一个女孩玄，因为她独有的气质吸引了他。但玄却患有先天性心脏病。

他们的相识是在这个女孩心脏病复发抢救时。琦对女孩一见倾心、百般呵护。尽管他对英感到极其抱歉，他也曾希望可以以别的方式尝试着补偿她，可是爱情的世界没有补偿，只有爱和仇恨。面对自己深爱五年的男孩却爱上了别的人，她唯一的选择就是默默地离开。她的世界除了泪水就是仇恨。

从他们分手那天，英就再也没有出现在琦的世界里。而琦也希望待在医院的玄可以早日等到愿意为她捐献心脏的志愿者。

有一天，好消息来了，一个意外出车祸的人的心脏被移植到女孩身上，手术非常成功。玄重获“心”生。结婚后丈夫对她很好，但每一次，当丈夫说“我爱你”的时候，玄就说她的心很痛。他们怀着忐忑不安的心情回到医院检查，医生说没什么大碍，于是丈夫就找医生帮忙查了捐献者的名字，好心的大夫就告诉他：“她被送来的时候已经奄奄一息了，她说：‘我已经不行了，就把我的心捐给那个叫玄的女孩吧，我不希望琦这辈子活得有遗憾。’”

当时琦的眼睛湿润了，他把一切告诉了妻子。当每次他说“我爱你”的时候，他总是对着那颗“心”。

这是个感人的故事，面对一个心脏病女孩抢了自己的心上人的时候，她的确有恨，可是在自己生命最后的一刻，她还是放下了。英是大度的，是宽容的，在生命的最后她还成全了别人。

固然，执著是一种精神，可是，并不是所有的执著都正确，比如仇恨，放下了，别人解脱了，而你自己也解脱了。有时候，放下是一种智慧，放下了你执著的，你会拥有更美好的。

爱情是亘古不变的话题，爱与被爱才是一种幸福，而单方面的爱并不全是值得执著追求的，殊不知，真正属于你的人有时候并不是他或她……

一个女孩喜欢一个男孩，她希望自己可以天天见到自己喜欢的人，她跑到上帝面前，恳请上帝能给她机会变成一棵树，就栽种在男孩家的门前，这样，她就能天天看到他了。上帝说，即使你能天天见到他，你也不会高兴的。但女孩的执著感动了上帝，于是女孩变成了一棵树。女孩能天天看到他所深爱的男孩，一年过去了，两年过去了……可男孩从来没正眼看过女孩一眼。每到秋天，女孩都会哭，她枯黄的泪随着秋风飘下，女孩是多么希望男孩能拥抱她一下啊，可她却一次次地失望。女孩不甘心，她又跑到上帝面前，再次恳请上帝，希望自己变成一块石头能让男孩歇歇脚，于是女孩变成一块在男孩家门口的石头。同样，男孩还是不看她一眼，风吹雨打，饱经风霜，女孩从无怨言，只是她太伤心了，终于她因忧郁而崩溃了。就在这时，珠宝商人看见了她的“心”，那是一块十分名贵的蓝水晶。后来，这个水晶被加工成一个名贵的戒指，而戴上它的，却是男孩的女朋友，那是男孩送给女孩的结婚戒指。女孩这次真的伤心欲绝，她不知道自己哪儿错了，也不知道为什么世界这样的不公平，自己多年的等待换来的却是一场空。

上帝来了，他问女孩，你难道没有觉得自己很傻吗？女孩哭了，她真的觉得自己很傻，就在这时，上帝告诉女孩，有个男孩，为你守侯更长时间了……

你苦苦守候的人并不属于你，那么又何必执著呢？其实你应该放下，一段更美好的爱情就在你眼前……

有时候，放下是一种人生的大智慧，放下不该拥有的，放下不该执著的，让心灵松绑，给自己更广阔的天空去放飞自己的心。放下吧，你会获得更多。

而放下无需据理力争，只需与你共同静静地呼吸；放下无需知识广博，只需与生命共品高尚。放下其实是一种智慧，因为在无法改变的际遇里，它可遇而不可求。

做个智慧的人、善待自己的人，学会“放下”！

扫除情绪垃圾，轻松自在为人

有人很感性，经常把什么都写在脸上，会很情绪化。诚然，每个人都有情绪，可是你不能任凭情绪这匹“烈马”乱闯，否则后果不堪设想。

有人说：“一位真正的歌唱家不会天天赶演唱会，一个善于用表的人不会把发条上得太紧，一个会管理的管理者不会让员工没命地工作，而一位好的琴师也不会把琴弦绷得太紧，一个善于控制自己感情的人也总是在为自己找各种各样的理由来放松自己的心情。”而一个善待自己的人也会将自己的情绪控制得适度化。

一个人的一生是丰富多彩的，那么在这个过程当中难免会有些磕磕碰碰，难免会有情绪起伏的时候，不管这种不安的情绪是因何而起，都得给它一个终点，让过去的成为过去，要善于把烦恼抛在脑后。

要知道，凡事不论好坏，愉快还是痛苦，赞成还是反对，对还是错，荣誉还是耻辱，都有轮回，始终都有一个起点，一个终点，这样的世界才能拥有平衡。既然这样，遇事你为什么不淡然一点，而非让情绪这匹“烈马”乱闯呢？你应该做自己情绪的主人。

人想拥有快乐的心境，就要学会清除情绪垃圾，下意识地为心灵松绑，给心情做一个深呼吸，而不能让自己的不良情绪滋长。你要学会这个亘古不变的秘诀：弱者任思绪控制行为，强者让行为控制思绪。

而很多时候，人都喜欢任凭情绪带来负面效应，从而造成了不可挽回的损失。

有一天，柳叶问老公她钱包里怎么少了一张百元钞，不知道到底是谁拿走了。后来，隔天保姆在洗女儿衣服的时候，发现女儿衣服口袋里有张人民币，保姆就把这件事跟柳叶说了，柳叶一听就火大了，刚好那天公司也有让她不开心的事。

她生气地想："年纪小小就知道偷东西了，长大了还得了……"于是对着四岁的女儿打了一巴掌。女儿哭着趴在了地上，丈夫赶紧跑出来看时，女儿的脸色已经不对了。

柳叶吓坏了，这时候，她才意识到自己可能用力太大了，怎么能对一个四岁的孩子动手呢？

可是，一切都晚了，当她和丈夫把孩子送到医院时，医生说，孩子的耳朵已经聋了，这辈子都必须带着助听器。她一听傻了，后悔不已，自己冲动的情绪毁了孩子的一生。

柳叶很后悔，她没有管好自己的情绪，况且，一个四岁的小女孩根本就不知道那百元钞就是钱，或许她觉得那张粉红的纸很好看……可是，悲剧还是酿成了。

所以，人不控制好自己的情绪就可能伤害到身边的人，与此同时，也伤害了自己。柳叶就要一辈子在这种"凶手"的日子里煎熬了。

人要控制好自己的情绪，要适当地调节，那么应该怎样去控制和调节呢？每天清晨你醒来，当你被悲伤、自怜、失败的情绪包围时，你就这样与之对抗：沮丧时，你引亢高歌；悲伤时，你开怀大笑；病痛时，你加倍工作；恐惧时，你勇往直前； 自卑时，你换身新装；不安时，你提高嗓音；穷困潦倒时，你想象未来的财富；力不从心时，你回想过去的成功；自轻自贱时，你注视自己的目标。

有气度的人是不会任凭自己的情绪大幅波动的，控制情绪是一个人自

控能力的体现，也是素质和能力的体现。控制好情绪也会使自己的心灵获得解放。

从前，有一个脾气很坏的女孩，她的妈妈就给了她一袋钉子，告诉她，每次发脾气或者跟人吵架时，就在院子的篱笆上钉一颗钉子。第一天，女孩钉了37颗钉子。后面的几天女孩学会了控制自己的脾气，每天钉的钉子也逐渐减少了。她发现，控制自己的脾气，实际上比钉钉子要容易得多。终于有一天，她一根钉子都没有钉，她高兴地把这件事告诉了妈妈。

妈妈说："从今以后，如果你一天都没有发脾气，就可以在这天拔掉一根钉子。"日子一天一天过去，最后，钉子全被拔光了。妈妈带她来到篱笆边上，对她说："孩子，你做得很好，可是看看篱笆上的钉子洞，这些洞永远也不可能恢复了。就像你和一个人吵架，说了些难听的话，你就在他心里留下了一个伤口，像这个钉子洞一样。插一把刀子在一个人的身体里，再拔出来，伤口就难以愈合了。无论你怎么道歉，伤口总是在那儿。要知道，心灵上的伤口比身体上的伤口更难以恢复。你的朋友是你宝贵的财产，他们让你开怀，让你更勇敢，他们总是随时倾听你的忧伤。你需要他们的时候，他们会支持你，向你敞开心扉。那么你为什么要伤害他们呢？"

是的，即使"钉子"拔出来了，伤痕是永远抹不掉的，那么为什么要去钉"钉子"呢？其实，钉子就是你的情绪，钉子不仅钉在了你的发泄物上，也钉下了一段痕迹。在钉钉子的同时，你也会累，女孩说的对，其实钉钉子远比"控制自己的脾气"累的多。当然，这里的"脾气"只是一种情绪。既然你也累，那就不要钉钉子，不要让你的坏情绪滋长了。

聪明的人应该知道怎么去对待自己的情绪了：要有意识地对自己的情绪进行控制，凡事先仔细考虑发泄情绪的弊端，然后选择一种适宜的行为方式表达自己的情绪。平时要注意不能随意乱发脾气，要在生气、发怒时尽量控制自己，不能随意夸大某事的严重性，尽可能做到"大事化小，小事化了"。这样，你的自我控制能力也就提高了。

换个角度，看开一点自然明朗

世界是否美好，快乐与否，只是取决于自己的心态。人也一样，生活中的烦恼很多，人要真正快乐就不要把自己捆绑在烦恼上，换个角度，烦恼会更少。在心中种一颗忘忧草，要有一颗平和淡定的心 ，这样你才会生活得快乐。

很多人认为一旦结婚，很多麻烦的事就接踵而至：孩子的问题，婆媳关系的处理，生活中的琐事让自己伤透了脑筋，因此往往会被这些事弄的整个人透不过气来。其实，只要你转念想一下，很多事情根本不需要你去操那么多心。换个角度考虑问题，很多烦恼就不是烦恼了。俗话说得好：“如果你不给自己寻烦恼，别人永远也不可能给你烦恼。”

小李最近就被一些生活问题弄得焦头烂额。

前一段日子她发现丈夫开始抽起烟来，而且一般还不在家里抽，可能怕妻子发现了会说他。可是时间长了，丈夫的烟瘾大起来了，经常在寒风凛冽的走廊里抽烟。而结婚前她觉得丈夫不抽烟喝酒的习惯很好。

一天，她跟女友在家里玩，丈夫下班回来，坐在沙发上跟她们聊了好一会，突然想抽烟了，于是闷着头拿起门边的小塑料方凳走进卫生间，坐在靠里的位置开始吞云吐雾，而女友目瞪口呆地看着他，转过头对她说：“你老公怎么抽烟啊，你以前不是说你老公不抽烟，是个难得的好男人吗？” 她一下觉得自己在女友面前失了面子。

当天晚上，她就因为抽烟的事跟丈夫吵了起来。一波未平，一波又起，过了几天。老家的婆婆来了，可是把老家的大黄狗也带来了。

老太太的理由是：“就兴城里人养宠物，就不许我养啊？况且，你们在城里，家里就大黄狗陪我，我到城里来玩，也要把它带上，它一个人在家也没人照顾。”她当时真的是不知该说什么好，也不能和丈夫说，否则会落个不孝儿媳的口舌。

又一次，当她下班回家的时候，居然看见地上一片湿淋淋的，还有股骚味儿，爱干净的她气不打一处来，打了黄狗。这下婆婆气坏了，吵着要回家。接连两件事让她和丈夫之间的关系疏远了很多，她很烦恼，就找最好的姐妹们一起谈心，看看怎么办。

“你呀，什么事情都爱叫板儿，追求什么完美。男人抽烟怎么了，那叫男人味儿。男人都不抽烟的话，中国的香烟还卖给谁呀？”

“就是，你也要体谅一下你婆婆，老人都那么大年纪了，在老家也就那只狗陪她，你应该感谢它呢。”听姐妹们你一句我一句地劝，小李发现也是这么个理儿。

当天晚上她就给丈夫买了烟，还给婆婆买了衣服，给大黄狗买了狗粮。收拾房间的时候，她在床头柜上放了一个烟灰缸，在客厅拐角放了狗床，老太太笑得合不拢嘴。

小李在刚开始碰到这些生活问题的时候，以她以前的习惯和思维考虑了事情的不利，她爱干净、讲卫生，还不喜欢男人抽烟，所以就急躁了。可是这些问题都不是多大事，换个角度想想，也没什么大不了的，自然她自己也就轻松了。

生活中的琐事很多，如果每件事都要斤斤计较，那么人就有操不完的心。转换一下思维考虑事情，就会有不一样的效果。

慧慧今年31岁，是个政府小科员，儿子两岁，丈夫比他大三岁，人很懒，什么家务活都不做，脾气暴躁，不过也没有不良嗜好。谈恋爱和初婚时两人曾经极其幸福，孩子出生后，境况就越来越糟。因为她宠他，他不肯做一点家务，起初和他吵过，后来也就算了。所有的家务都是慧慧做，换来丈夫每天一个大大的拥抱外加无数“好老婆”的甜言蜜语。

但慧慧母亲来帮忙带孩子后，对女婿什么都不做很气愤。慧慧是独女，从小娇生惯养，连碗都没洗过。母亲总是指责女婿本来就穷，为了让慧慧多受点照顾自己才同意婚事的，可没想到他这么懒，便骂慧慧太窝囊。

公婆又来插了一杠子。房子是慧慧家付的百分之三十的首付，她妈妈住也理所当然，慧慧是独女，而且她妈妈还是来帮忙带孩子的。一些长

舌妇整天教唆公婆，说慧慧妈是来抢孙子的，所以他们也非要住过来带小孩。房子小，她和老公就把床搬出来，睡到了客厅地板上，但结果慧慧妈和公婆关系搞的更紧张了，尤其是在带孩子的卫生问题上，公婆不爱卫生，而她妈妈则嫌弃她的公婆脏兮兮的。

就这样，慧慧在中间很为难，她倾向于母亲，毕竟母女连心，而丈夫对这些事不闻不问。慧慧因为这些事，无法正常地上班，精神几乎崩溃了。

其实慧慧应该换个角度想想公婆和母亲之间的矛盾。孩子是公婆和母亲的焦点，他们都关心孩子，她应该从孩子着手解决问题，而不是一味地坐以待毙，让自己的生活陷入杂乱无章之中。

从慧慧和小李的身上，人们可以看到，真正的幸福生活和心情是由自己的心态决定的，毕竟生活中太多烦琐的事不能避免，那么就改变一下自己的心态，转换一下角度考虑问题，在心中种一颗忘忧草。即使外面的世界乌云密布，你的世界也会阳光灿烂！

少点埋怨，别把自己当成不幸的人

每个人的命运和生活不可能称呈现完全相同的状态，即使困难和不幸也是如此，不幸的人何时何地都有，而你绝对不是最“不幸的那个”。

印度有一个古老的故事，说佛祖为了消除人们的痛苦，就从人间选了100个自以为最痛苦的人，让他们把自己的痛苦写在纸条上。写完后，佛祖说：“现在，请你们把手中的纸条互相交换一下。”结果，这100个人交换着看了别人的纸条之后，个个都非常惊讶。过去，总以为自己是最“不幸”的人，现在才知道很多人比自己更痛苦。

是的，人也总是用羡慕的目光盯着别人的生活，会误认为自己的生活很糟糕，会认为再也没有比自己更不幸的人了，于是他们让自己陷入了忧

郁的深渊。

人要善待自己的不幸，因为你不是最不幸的那个人。你没有理想的收入，可是还有很多贫困的人在温饱线上挣扎；你的儿子不听话，总是给你带来麻烦，可是还有很多人没有孩子；你满脸痘痘，并不美丽，可是还有很多残疾人，他们身体残缺，连自己的生活都不能料理。

你是最不幸的人吗？你不是，比你不幸的人多得是，所以，再也不要埋怨生活带给你的不幸。退一步海阔天空，不要在自认为自己不幸的泥沼里不能自拔。

曾经有个人，经历了生活给她带来的不幸，正准备自杀，可是当她听了一个人演讲后，她才发现自己的那些不幸根本不算什么。

这个人就是约翰·库缇斯，他1969年8月14日出生于澳大利亚，天生双腿残疾，出生的时候只有可乐罐那么大，腿是畸形的而且没有肛门，躺在观察室奄奄一息，医生断言他不可能活过24小时，建议他父亲准备后事。当悲伤的父亲给他准备好小棺材、小墓地后，发现儿子居然还活着。在父母爱的力量鼓舞下，他以超人的毅力生活、学习。17岁时因同学用小刀将他毫无知觉的腿切得血肉模糊，而导致伤口感染，被迫切去了下半身。医生又断言他活不过一周、一个月、一年……而今天约翰依然健康地在全世界发表演讲，他始终以积极乐观的心态面对人生。

中学毕业，约翰开始进入社会寻找工作。无数次被拒绝之后，他被一位杂货铺老板收留，后来又做过销售员、技术工人。一次偶然的演讲改变了约翰的一生。在一次午餐会上，约翰应邀对自己的经历做一个简单介绍。他的痛苦经历和艰难现状感动了在场的所有人。很多人热泪盈眶，就是这个女士，她跑到台上，告诉约翰，她非常不幸，正准备自杀，听了他的演讲以后，她觉得那些不幸已经不算什么了。

听了约翰·库缇斯的故事，这个人放弃了自杀，是的，她并不是最不幸的，她应该以淡然的心态面对自己的不幸，也正是因为约翰·库缇斯，改变了这个人的一生。

约翰意识到，讲出自己挣扎生存的经历可以给别人以启迪，让别人拥有更积极的心态，感觉更快乐。从此，约翰踏上了职业激励大师的路途。

而如今的约翰·库缇斯已成为世界上最著名的残疾演讲大师，并在国际上享有非常高的声誉。他的事迹激励着每一个不幸的人。

他告诉所有人："无论你认为自己多么不幸，在这个世界上永远有比你更不幸的人！"是的，当人们认为自己不幸的时候，你会比约翰更加不幸吗？而就是这样不幸的约翰，都没有将人生定格在不幸上，而是以积极的心态挑战了很多不可能，那么你呢？

你也可以从约翰的身上学到很多，即使有再大的不幸，你也不是最不幸的那个人，那么你有什么值得悲伤的呢？善待自己，在心中种一颗忘忧草，对待"不幸"一笑而过！

当不幸降临，学会用积极的方法转运

幸福是每个人追求的，却不是每个人能得到的。我们渴望幸福的生活，却总是被生活开各种各样的玩笑，大到晴天霹雳般的厄运，小到芝麻绿豆般的繁琐之事。

微笑面对吧！不要让命运掌控我们，不要向困难和命运低头！我们不可以选择命运，不可以选择生活，但我们可以改变态度，让微笑常伴我们，让微笑继续，继而改变命运，改变生活。生活有她无情的一面，铁面无私地给予每个人不可避免的风雨侵袭。此时，人若是哭丧着脸摆出一副懦弱的、楚楚可怜相，希望有人帮你一把，或者为你打抱不平，那生活只能会更加严厉地制裁你。欺软怕硬是一切困难最真实的嘴脸。

张海迪说过："即使跌倒一百次，也要一百零一次站起来。"她在五岁时就得了脊髓病，胸部以下全部瘫痪。那时或许我们还偎依在母亲身边撒娇，或许和伙伴们奔跑在乡间的大马路上，可她却从此和轮椅打上了交道，但她没有沉沦，没有向噩运低头。她"站"起来了，她以顽强的毅力和恒心与病魔展开了斗争，经受了严峻的考验，对人生充满了信心。她无

法走进学校，但却自学完成了中小学和大学日、英、德语的课程。可想而知，她比健康人多付出了几倍的汗水!

她也没有止步不前，1983年她开始从事文学创作，翻译了十万字的英语小说《海边诊所》，编著了《向天空敞开的窗口》、《生命的追问》、《轮椅上的梦》。《生命的追问》出版不到半年，已重印三次，获“全国五个一”工程奖。这是一部散文作品，也是她的第一部获得此奖项的散文作品。她翻译和创作的作品超过了一百万字。

当我们年幼的时候，梦想着当舞蹈家、运动健将，可这些对于张海迪都是一个不可能实现的幻想，但她逃避了吗？答案当然是否定的，她以别样的方式实现了她独到的并且成功的人生!

是的，我们何必苦苦追寻为什么命运不公或把自己埋藏在苦闷的心态下呢？转念想一下，或许这正是命运给我们的考验!风雨之后一定会有晴朗的天空！我们的生命就和天气一样，时而晴空万里，时而倾盆大雨，我们需要困难的点缀就如同我们会遇到各种各样的天气一样，因为蜜罐的生活会让人在处世时不堪风雨的磨砺，经常处于厄运交加的境地。

爱默生说过：每一种挫折或不利的突变，总是带着同样或较大的有利的种子。人生的旅途也就像大海一样浩瀚，扬帆时遇到的风雨之阻并不意味着我们将永沉大海；相反，我们会学到更多的航海知识。从桑兰的身上或许我们能明白更多。

她原本可以和期望中一样，实现着她自己规划好的路：当一个体操队员，是的，她曾经是跳马冠军，她曾参加全运会。她的生命本应这样平静而又辉煌地走下去，可命运就是喜欢和人开玩笑。在一次国际比赛中她意外受伤致残。这意味着她的体操生涯将从此结束。可是，她并没有因此放弃，她在治疗的同时加紧时间学习，参加各种体育锻炼并积极参与各种活动。

至今，她依旧舞动着她美丽的身姿，她做到了，她没有屈服于往日的病痛。在一次大学生座谈会上，她作为一名优秀残疾代表发言，她激动万分地说，她参加残疾人演出比拿世界冠军更有意义，她要努力学习，要考大学，要为每一个人的梦和民族的梦奋斗! 的确，当我们走过困境，重新审

视我们走过的路时，真是“也无风雨也无晴”。

当变故发生在自己身上的时候，我们能倘然面对，可当我们的精神支柱倒塌的时候，我们更应该做到永不言弃。有这样一句话：“当你最爱的人离你而去，给你的心灵留下伤口，你可以哭泣，可以悲伤，但你更要做的是，擦干眼泪，包扎伤口，继续上路。”这是一个战争年代的伟大女性面对自己的红色恋人牺牲时的心态，她做到了！她没有倒下。中国女性的这种坚韧毅力自古有之。

在宋朝处于内忧外患的情况下，当丈夫和兄弟们相继战死沙场后，她们没有待坐闺中掩面哭泣，而是严阵以待，继续奋勇杀敌。她们知道，她们应该勤勉小儿，善事舅姑，为保卫大宋疆土不受侵犯而战斗。这就是杨门女将。

像杨门女将这样的女性，古今中外屡见不鲜。困难和逆境只是生活中的一段小插曲而已，不是全部!

诚然，人可以悲叹命运的不幸。但女性不是弱势群体，女性也可以在不幸面前选择正确的、积极的人生态度。德国小说家弗兰克说：“我可以拿走人的任何东西，但有一样东西不行，这就是在特定环境下选择自己的生活态度的自由。”

很多女性把自己完全交给丈夫，交给家庭，没有了自我。而当有一天丈夫离开她，她便发现自己一无所有，似乎生命毫无意义，这也是一种不正确的生活态度。女性朋友们应该做的是：重新找回失去的自我。颓废的态度不会改变现状，生活对于每个人都是公平的，你失去了一些，但你会找回更多。

有个著名的女主持人，在她得知自己患了癌症以后，就将自己的眼角膜和肾脏捐了出去。她用积极、乐观的心态，面对自己人生的阴霾，给别人送去最美好的光明，因为她帮助了别人。

对生活寄予美好憧憬的人们，时刻要以积极的心态面对人生的酸甜苦辣，假如生活偶尔亏待了你，你也不要悲伤、烦躁，更要善待你自己，这样，快乐的日子就会更快来临。

用希望照亮人生的征途

人从呱呱坠地开始，每天都在享受阳光带来的温暖和光明，一步步地成长、成熟。阳光是幸福的象征。而人的一生也不是一马平川，会有很多沟沟坎坎。人会沮丧，会失望，会哭泣，但不要忘记你还有希望，那是你人生路途上的阳光，阳光在，希望就在！

希望是什么？希望是人生的钟摆，须臾停止不得；希望如太阳正在升起，光芒四射。如果低下头表示失望，那么昂起头便是希望。希望的路，千条万条；希望的河，处处可入海洋。希望是优美动听的歌，是绮丽无比的小诗，是令人神往的意境，是朝露、晚霞。希望就是阳光。

有了希望，你的日子就有了阳光，希望会指点你怎么前行。人拥有希望就拥有充实的生活，这样生命才更有意义，正如奥斯特洛夫斯基在《钢铁是怎样炼成的》一书中所说的“人，最宝贵的是生命，生命对每一个人只有一次。这仅有的一次生命应当怎样度过呢？每当回忆往事的时候，能够不为虚度年华而悔恨，不因碌碌无为而羞耻……”

是的，即使面对最为严峻的挑战和不幸，我们也不能失去希望。

十年前，希不幸被确诊为淋巴癌中期。一个幸福美满的家庭被这突发其来的坏消息击入深谷。当她的家人得知消息的那一霎那，仿佛血液顿时凝固了，丈夫的第一反应就是：“一定要治好，一定要治好。”

几次手术后，医生告诉她，如果五年内无病变，手术便属于成功。多么漫长的五年啊！不久，她加入了癌症康复俱乐部。可能这是她人生最快乐的五年吧。在俱乐部里到处都是身患绝症的病人，但他们并不是像僵尸般面无血色，反而各个神采奕奕。看到这生机勃勃的气象，她对生命充满了希望。她感到了亲情般的温暖，她跟姐妹们跳舞，跟兄弟们聊家常。在这五年里，她似乎年轻了十岁。终于，五年过去了，她安全地度过了她人生中最难熬的日子。不仅仅是她，她的家人，俱乐部的每一个病人都为之

高兴。而此时此刻，女儿也考入了本市一所著名的重点高中。真可谓是双喜临门，当时，她感到幸福极了，热血沸腾地迎接着她新的希望。

然而，不幸的事再次落到了这个刚刚愈合的家庭中，她再次被诊断为癌症，可怕的癌细胞这次钻进了她的脑部，新燃起的希望又一次被浇灭了。“这次我死定了”，她默默地想着。而丈夫依旧抱着那百分之十的希望替她签了手术单。当她被推入手术室时，多少人屏住呼吸，默默地祈祷上天能赐予她一次新的生命。手术持续了二十多个小时，但十分成功。可是她得伴着轮椅度过她的余生，而语言功能也因为手术受到了很大影响，几乎尽失了……看到母亲的样子，女儿哭了；看到妻子的样子，丈夫无言以对，但只求她能够康复。丈夫天天坚持给她按摩，不让她的肌肉萎缩。女儿一有空就跟妈妈讲话，希望能使她重新开口说话。他们所做的一切只是希望有待一天，奇迹出现……她的家人没有放弃，她也没有放弃……

即使面临癌症，希对自己的未来也充满希望，尽管希望也许永远无法实现，但她的天空永远都是阳光。生命的价值不仅在于活着，也在于有一颗充满希望的心。是的，不管是疾病的困扰，还是遭受失败的打击，人都不要放弃希望，不要让阳光被乌云遮住。晓娟的求职生涯也告诉了我们这一点。

晓鹃是一名一所有名的师范学院中文系毕业生，走上工作岗位已经整整两年了。当她看到出没在各大人才市场求职的、那些行色匆匆的求职者们时，她就不由得想起了自己的求职和工作经历。晓鹃现在的这份职业是她到广州找的第三十份工作。当时的她找了接近半年的工作都没有消息，她几乎准备离开这个让她伤心的地方了，可是最终她还是没有放弃。回想当时，晓鹃心情无法平静。当时在广州的一家市报上看到一则招聘广告，正好是晓鹃感兴趣并且擅长的广告、设计型公司，于是晓鹃抱着试试看的心理前去应聘。她也只能这样了，因为她被打击的次数太多了。

按照招聘广告上的联系方式，她向用人单位发了一封求职电子邮件，然后上网找到用人单位的网站，详细了解了一下该用人单位的信息。几天之后，晓鹃就意外地接到了该广告设计公司人事部经理的电话，要她在第二天下午到广告公司参加集体面试。当人事部经理问晓鹃几点可以达到

时，她说：“下午三点”。晓鹏想自己对用人单位所在的地址不是太熟悉，约迟一点可能会使时间更充裕一点。当天晚上，晓鹏9点多钟就上床睡觉了，以便第二天能保持充沛的精力。

第二天下午一点半午睡起床后，晓鹏就把自己的求职简历和相关的各种资料整理好，按自己想象的次序放入背包中，然后再去冲凉、穿上整洁干净的衣服，并对着梳妆镜子仔细检查一下自己的仪表，自我感觉还不错。于是，提前一个小时就出发了。到了用人单位所在的办公楼下，晓鹏很有礼貌地向保安打听清楚了“人事部”所在的楼层，接着又打开了背包，看了一下所带的求职资料，然后进行了一下深呼吸，安抚了一下自己紧张的心情，就腰杆笔挺、自信十足地准时敲开了用人单位的大门……后来，晓鹏就成了这家广告公司的一名正式员工。工作以后的一次偶然机会，晓鹏向总经理问道，在那么多参加应聘的求职者中，总经理为什么会选择她？总经理的回答有些出乎晓鹏的意料：“你的态度感染了我，这份工作绝对不是你找的第一份工作，可是你还是很自信，因为你没有放弃希望……”

晓鹏即使在第三十次求职时，都满怀希望，她的这种精神被用人单位看出来了，她最终找到了一份好工作。可见，人在什么时候都不能放弃希望。为什么我们喜欢看流星划过夜空，喜欢将藏有纸条的飘流瓶抛向大海？因为我们在寄托希望。

有了希望，才有了寄托，生活才有了意义，因为希望是人生路途上永远的阳光！

拥有平常心是以不变应万变的睿智之举

一份平常心让一个人然更加有修养。平常心是我们在日常生活中对于周围客观世界中发生的事情所持有的一种心态。平常心应该是一

种“常态”，是具备一定修养才能持有的，因为它属于一种“处世哲学”。说到底，平常心不过是“无为、无争、不贪、知足”等观念的汇合而已。作为一种处世态度，可进一步解释为：淡薄之心，忍辱之心或仁爱之心，等等。

平常心能让人用一种理智的、处变不惊的思维解决遇到的问题，也体现了一个人的处事能力。不管遇到什么样的事，都要以一颗平常心对待，不要急躁，“凡事三思而后行”。人常说，“冲动是魔鬼”，的确，不能用平常心对待问题可能会让自己后悔。

以平常心处世的人会做出理智的决定。

宋朝的时候，有一位皇后十分贤慧，当皇帝因宫人失职大发脾气时，她总是假装生气让人把宫人交给专管刑罚的官员处理。当皇帝问她原因时，她说：“皇上在盛怒之下就不能用平常心对待这些事，所做的处罚往往过重，把他们交给专管刑罚的官员处理才能公平，不至于让皇上背负残暴的名声。”皇上对她的这一做法十分赞赏。

这位皇后与常人相比，她的冷静与理智确实让人非常佩服，在皇帝大怒之下能巧妙地施行自己的主张不能不说是一种大智慧。平常心不但会让人获得非常美好的名声，而且还给周围的人树立了榜样，还会使他们少受伤害。

的确，平常心是一个人睿智的反映。生活里有太多的逆境，它们是生活中的偶然。但是在理智面前，偶然总会转化为令人快乐的必然。偶然与必然虽说在理论上有很大的反差，但它们可在平常和智慧中达到完美的统一。《大学》中曾说：“静而后能安，安而后能虑，虑而后能得。”这句话中的“得”字，体现了生活的享受。

蒋老师就是一位用平常心将学生问题处理得很好的老师。

有一天早自习，她询问班上的南某，昨天下午没来上课干什么去了，该学生说：“自行车丢了，没法来，我家长知道。”蒋老师说：“昨天给你家长打电话怎么停机了？”他说：“换号了。”她接着说：“那你让你家长给我打电话证实一下情况”。下课后她刚走出教室门口不远，就听到教室里有吵杂声，伴随有学生的惊呼声、桌凳的摔倒声，还有同学们的

劝阻声。她立刻意识到出事了，于是紧走几步推开教室门。看到老师的出现，班里马上安静了下来，两个正在扭打的学生南某和孙某也立刻停下了，但双方都瞪着眼睛，扭着脖子怒视着对方，其他同学都在看着老师该如何处置他们。蒋老师意识到当面批评教育他们会影响到下一节课，也不一定能解决好，何况事情的原由也没有弄清楚。于是她冷静地说："请同学们准备好学习用品准备上课，你们俩和我去办公室。"同学们又安静下来了。

在办公室，他俩似乎都感到很委屈，当蒋老师让他们分别叙说打架的理由时，双方不断争辩，各说各有理，都试图把责任推给对方。在他们的辩解中，蒋老师还是了解了事情的经过。他俩是前后坐位，因为孙某说："他没来肯定去上网了，还欺骗老师。"南某说："没去"，以至矛盾激化。多亏发现及时，否则后果不堪设想。面对他们的争辩，蒋老师没有做他们的审判官，而是说："我知道你们俩都很委屈，老师能理解，现在我只想让你们想想整个事件中哪些地方自己做的不够好，想好了再和我说说。"听她这么一说，他们停止了争辩，都低头不语。过了一会，孙某主动上前对蒋说："老师，是我不对，不该乱说话，在班里还大声说他上网旷课，其实我只是在跟他开玩笑。" 南某赶忙说：" 老师，我也做的不对，再怎么也不该动手打人。"蒋老师一看火候已到，就用商量的语气问："你们说今天的问题怎么处理?" 这次，他们两个相互道了歉，保证以后不再犯同样的错误。就这样，一场可大可小的纠纷在平静中解决了。

蒋老师看见学生闹矛盾，并没有如同某些老师一样在班上大发雷霆，而是以平常心了解、分析事情的缘由，让两个即将打架的学生"握手言和"， 在整个事件处理过程中，蒋老师几乎没说什么，但是效果出奇的好，也没有给学生留下"后遗症"。这样的结果是最佳的。

相比蒋老师的平常心，小青就没有做到，她是个报社的编辑。

那天，她向别人发火了。事情很简单，对方提供的资料不能达到她的要求，而且已经临近她们截稿的日期。在和对方通电话时她越说越着急，最后竟冲着对方大声嚷嚷起来。然后，就有了电话中的唇枪舌剑。最终，对方撂下了一句话："我觉得你的态度很糟糕！"然后猛地挂断了电话。

听着电话里传来的“嘟嘟嘟”声，小青心里真是堵得慌。

平时她很少和别人起争执，这次的冲突让她浑身难受，最直接的后果便是思维混乱，都无法正常地工作了。最后稿子还是无法正常完成。

试想，如果她改换一种方式和对方交流，那会有什么样的结果呢？如果她很恳切地和对方交谈，那对方会这样撂下电话吗？如果她很友善地提出对方需要改进的地方，那现在会是什么样的状况呢？说不定她早已经心情愉悦地完成了这篇稿子的编辑工作，说不定还会交到一个好朋友。

所以，遇事不冷静，不能用平常心对待只会坏事，不仅不能达到自己想要的结果，反而会让事情越来越糟。

一颗平常心不仅能将问题顺利解决，还体现了一个人的处事能力和修养。人遇事要做到“猝然临至而不惊，无故加之而不怒”，当然这要靠平时在生活中的锻炼，靠平日的修身养性。日积月累，人自然会达到一种平和、淡定的心境！

第13章 保持本色：做最好的自己，为自己而活

人，是社会的人，所以，我们每个人都会被周围环境所影响，于是，我们有喜怒哀乐、有目标、有期待……在这个过程中，有些人却逐渐迷失了自我，甚至成为他人的影子；也有些人忘记了自己最初的梦想，随波逐流；更有些人，成为物质欲望的奴隶，无法自拔。但我们同样也是独立的个体，我们每个人都要为自己而活，因此，从现在起，不妨认真审视一下自己是否正在偏离你的人生轨道，如果是，那就做回那个真诚、个性、努力、自信的你！

厚积薄发，为自己的明天而点滴积累

任何一个人都知道，工作是我们获取各种生活物质的来源，一个人没有工作，就意味着他可能没有收入，也就没有生活保障，因此，从某种程度上来说，我们应该感谢工作。而事实上，工作的意义远不止于此，一个人可以通过工作积累各种经验和能力，在工作中获得成长。但生活中，并不是所有人都能认识到这一点，经常看到他们或因报酬不理想而放弃现在的工作，或为了一个薪资更好的工作而放弃快乐，或在现有工作上“做一天和尚撞一天钟、得过且过”，因为他们工作就是为了那每月按时发放的薪水，而你想过没有，你工作得快乐吗？

在古老的欧洲，有一个人在他濒临死亡的时候，发现自己来到一个美丽而又能享受一切的地方。他刚踏进那片乐土，就有个看似侍者模样的人走过来问他：“先生，您有什么需要吗？在这里您可以拥有一切您想要的，所有美味佳肴，所有可能的娱乐活动以及各式各样的消遣都可以让您尽情享用。”

这个人听后，感到有些惊奇，但非常高兴，他暗自窃喜：这不正是我在人世间的梦想吗？一整天他都在品尝所有的佳肴美食，同时尽享各种娱乐活动。然而，不久，他却对这一切感到索然无味了，于是他就对侍者说：“我对这一切感到很厌烦，我需要做一些事情。你可以给我找一份工作做吗？

没想到，他所得到的回答却是摇头：“很抱歉，我的先生，这是我们这里唯一不能为您做的。这里没有工作可以给您。”

这个人非常沮丧，愤怒地挥动着手说："这真是太糟糕了！那我干脆就留在地狱好了！"

"您以为，您在什么地方呢？"那位侍者温和地说。

这则极富幽默感的寓言告诉我们，失去工作就等于失去快乐。只有工作才能给你带来乐趣，而不是金钱！因此，我们要为自己工作，做一行就要爱一行，但是令人遗憾的是，有些人却要在失业之后，才能体会到这一点！他们总是抱怨："我们只不过是奴隶，我们被雇主压在尘土下，他们却高高在上，他们在美丽的别墅里享乐；他们的保险柜里装满了黄金，他们所拥有的每一块钱，都是压榨我们这些诚实的工人得来的。"但你想过没，当有一天，你真的拥有了数不尽的金钱、根本无须工作时，你真的就快乐了吗？当然不是，这就如同寓言中的人一样——如同身处地狱！

那么，从现在起，如果你想真的快乐起来，就需要热爱你的工作，并为自己工作，只有抱着这样的心态，你才能真正从工作中获取知识、丰富自己。为此，你需要做好以下几个方面的反思工作。

接下来有四个实际的步骤供你反省自己，看你是否知道自己在做什么。试用一点时间来思考一下，也许你会为你所发现的真相感到惊讶。

1.保持良好的精神状态迎接每一天的工作

你要始终保持不甘落后、积极向上、奋发有为的精神状态，清醒地认识自己肩负的责任；切实增强时不我待、只争朝夕的紧迫感，食不甘味、寝不安席的责任感；树立强烈的事业心和进取意识。如果把所从事的工作只当成一个混饭的营生，那么，你就很难有工作积极性，也就很难做好工作。

2.不要只把注意力放在金钱上

金钱是永远赚不够的，因此不要再用金钱来当做借口。不论我们在月中或月尾拿多少钱回家，我们总会觉得钱不够用。领薪饷只是工作的一部分，你在工作上获得的满足感应该超越金钱上的报酬。

3.找出你在工作上的重要价值

请记住一点：当初你为何会接受这份工作？如果这只是一份临时的工

作，你是否认真考虑将来你真正想做的是什么？正确的价值观及个人成就感在其中扮演着重要角色。

检讨自己为何你不满意做现有的工作，只是做一些自省。这样的省察会激起工作成就感、加深自我实现的价值，以及知道自己真正在做什么。

4.敢于问自己：我做这份工作值得吗？

如果在工作中找不到你喜爱的部分，或发现你成为了自己不想变成的人，你可以考虑是否是以下原因造成的：也许你并不真需要一份新工作，只不过是要找一个新方向。你是否喜欢工作中的自己？若答案为否，你能够做一些改变吗？或者问题是出在工作本身？你是否要换到另一部门工作？是否有其他的责任使你无法完成该做的工作？所以也许你只需要重新调整好焦距，审慎地选择你该花费的时间。

5.制定工作目标

人人都想向上发展，工作当然是为了自己，目标其实不需要你去寻找，它就在你的面前，如果你是一个打工者，那么你先给自己定一个小的目标，例如，在半年里你需要取得多大工作业绩等，然后朝着自己定的目标去奋斗。

可见，当我们能做到为自己工作、为明天积累时，那么，将拥有更大的挥洒才能的空间，更多的实践和锻炼的机会；为自己工作，能够让你在工作岗位上更主动、更积极地处理各项事务，为自己不断开创新的工作机会和发展空间！

激励自己，为自己而喝彩

有人说，生活就如同一本书，我们在阅读它的时候，会了解到很多人生的道理，其中一条就是：做人要自信。只有在心中填满自信，才能做最出色的自己。

人活于世，靠得就是自信。只有自信才能让你看到人生的航向，找到前进的目标，让你找到真实的自我。而如果一个人缺乏自信心，他在世上就过得昏昏沉沉，容易迷失自我，甚至被世界所遗忘。自古以来，那些成功者，为什么能实现自己的人生目标？因为自信！因为自信是人生成功的奠基石，自信是成功的第一秘诀。李白曾说：“天生我材必有用，千金散尽还复来。”这就是自信。我们每个人都应当有这种自信，因为一个人只有相信自己，才可能采取行动，去完成自己的事情。自信是走向成功的第一步。

华罗庚是我国著名的数学家。然而，在华罗庚小的时候，他并不聪明，学习成绩也很不好。正因为如此，他在小学毕业时，只拿到一张修业证书，而不是毕业证书。进入中学后，他的数学成绩还是很差，通过补考，才勉强及格。

那时候，很多同学都笑话他，甚至说他是个“笨蛋”、“废物”，而这并没有让华罗庚自卑；相反，他暗暗下定决心：一定要把数学成绩提高上去，他也相信自己能做到。他的自信产生了巨大的力量。他知道自己比别人笨，就用笨鸟先飞的方法，别人学习一个小时，他就学习两个小时。

华罗庚在数学上的成就来源于哪里？来自于自信的力量。一个人若要获得成功，要活出精彩的人生，首先要战胜自己，战胜怯弱，战胜自卑！

然而，现实生活中，总有这样一些人，他们内心自卑，因为在某些外在条件，如钱财、相貌、学历、社会地位上不如人，他们就妄自菲薄、看低自己，认为自己矮人一截。于是，他们总是闷闷不乐，在与人交往的时候也是小心翼翼、亦步亦趋，更为严重的，他们甚至不能正常地工作、学习和生活，把自己压得喘不过气来。其实这是一种自我折磨。俗话说：“金无足赤，人无完人。”所以，我们应该给自己一分鼓励、一分信心！

那么，现实生活中的人们，如果你自信心不够，该如何激励自己呢？

1. 客观看待自己

任何一个人，要想获得自信，就必须认识到一点，那就是真正的自信

来自于我们的内心世界，源于我们对自身的客观、公正的审视与分析，这包括对我们自身的优势与劣势、成功处与失败点等，这些将奠定我们自信的基础。

2. 找到自信心的欠缺处

我们要意识到自己的信心在哪方面是欠缺的，只有找到这一点，才能更好地“查缺补漏”。例如，你是否在工作中感到力不从心？或者当你与一个比你更有实力的伙伴合作时，你是否感到自卑？那么这种畏缩与自卑是因何而生的呢？我们必须对此进行认真的反思。

3. 建立良好的心境和情绪

虽然我们不得不承认，我们与他人在很多方面的差距是与生俱来的，如长相、身材、家境等；但是，通过后天的努力，我们依然可以改变很多，如个人能力、阅历等。生活中，一些人面对与他人的差距，只会怨天尤人，但抱怨并不能改变这种差距。而你要缩小这种差距，甚至超越他人，就必须挖掘自己内心的力量——自信，设置与把握正确的人生目标，以及运用这些能量向着我们所设定的目标努力。而也只有这样，才能达到一种心理平衡。但这不仅仅是一种心理平衡，在富有耐心而坚毅的努力过程中，我们将逐渐显示自己的优势，超过别人，超过那些我们以前自愧不如的那些人。

4. 进行一些心理暗示

你要坚信，自我暗示与肯定是一种良好的训练。因为这些肯定性信息能反馈到我们大脑中，产生我们真正所盼望的自我改进与自我完善，从而会促进我们改善身心。当我们进行这种训练，并且在坚持一段时间之后，就会发现，自我暗示、自我肯定绝不是白日做梦，绝不是自欺欺人，而是一种有效的自我激励与精神升华的手段，它会帮助我们重塑自己的人生，重新构筑自己的身心世界。

然而，自信不是盲目地自大，不是乱拍胸脯，而是智慧与才能的结晶。没有自信心不行，没有脚踏实地的钻研学习也不行，就好像一艘船失去了帆或舵漂泊在洋面上一样。固然，盲目的自信是自大，取不得，而妄自菲薄、过度自卑更取不得。所以我们凡事都要竭尽全力。给自己一定的信心，才能让生活变得更加精彩。

懈怠让人不悦，在奋进中做最好的自己

人生在世，短短数十载，岁月无痕，晃眼如烟。正因为人生的短暂，所以我们不能就此放弃，不能因为它的短暂而不思进取。不满足现状，时刻保持进取心和斗志，最终的结果一定是现状持续在改善。而满足于现状，容易使人懈怠、不思进取，可能最后连现状也维持不了。

在我们的周围，有一些人错误地认为只要“安于现状”就是“知足常乐”，甚至有些人会发扬阿Q精神，他们毫无危机感，对现在的处境感到非常乐观：既然有了一份好工作，还担心什么呢？既然已经嫁为人妇、找到人生的另一半，就该放弃工作了；既然工作上已经取得了这么大的成绩，该好好地放松一下了……然而，当今社会，创新已经成为企业、社会、国家发展的重要主题，每一个角落都需要知识、需要创新、需要正确决策、需要科学管理。我们个人也必须提高警惕，不能满足于现状，只有不断努力，才会不断完善和充实自己。

新闻集团总裁鲁伯特·默多克的第三任妻子、MySpace的中国负责人——邓文迪曾经说：“我是一个进取上进的人，无论做什么都会尽心尽力。人生充满了跌宕起伏，不管是顺境还是逆境，我都会找到美好的东西，使生活尽可能地完美。”满足是成功的绊脚石，我们要不断地归零，不断地进取。人要有欲望，不满足是进步的先决条件，唯有不自我满足的人才能不固步自封，才有前进的动力。不要满足于现在的自己，好还要求更好，时时超越自己，才能在人生的旅途中找到成功的路，创造一个更美好的人生！

曾经有这样一个事例：

小李在北京一家广告公司工作。一次，他去上海找一位大学同学，这位大学同学刚毕业时和小李境遇差不多，但现在已经找到一份很好的工作，月薪上万，并娶了一个很好的太太，生活得很好，这让小李很是羡慕。

小李这次来上海，是因为出差，顺便去看他。那位同学带小李来到一家五星级酒店用餐。确实，他不缺钱，但小李认为，也没必要如此铺张。所以，小李对他说：“都是老同学了，随便找个地方吃点算了。”

他看出了小李的意思，便说道：“我不是打肿脸充胖子，到这个地方对你对我都有好处。”

小李不解地问：“什么好处？”

他说：“可能我的想法不对，但我认为，这是一种督促自己的方法：只有到这种地方来，才知道自己的财富还不足，你才会努力改变自己的现状。如果你总去小吃店就永远也不会有这种想法，我相信只要努力，总有一天我会成为这里的常客。”

接着，他说：“我们公司老板一直看不起平生胸无大志的人，他曾对一职员说：‘你满意现在的职位吗？你满足现在地微薄的薪水吗？’当那为职员踌躇满志、觉得答复满意时候，他马上把他开除了，并很失望地说：‘我不希望我的手下以现在所拥有的感到满足，而终止他的奋斗。’”

听了他的话，小李深有感触，他的话不一定对，但他那种不以现状满足的生活态度是值得学习的。

从这个实例中，我们也应该有所感悟，永远不要满足现状，只要不断进取才会让自己做到更好！平凡的人之所以一无成就，就是因为他太容易满足而不求进取，一旦得到舒适安逸的环境，便不求上进。这样，他一生只会盲目地工作，挣取勉强保证温饱的薪金，最终也只是碌碌无为。至于追求成功的人，他会尽力寻求不满足的地方，以发现自己的缺点。

古人曰：“居安思危。”那些成功者无不把这四个字当成人生的座右铭。“居安思危”不一定适合每个人，但“居安思变”却是每个人能做到的。

曾有人说过：“一个人如果自以为已经有了许多成就而止步不前，那么他的失败就在眼前了。许多人一开始奋斗得十分起劲，但前途稍露光明后，便自鸣得意起来，于是失败很可能接踵而来。”所以，切莫得意忘形，必须更加积极奋发，以使成绩再进一步。

成绩得来不易，但更难的是在于如何持续保持好成绩。继续维持现在所拥有的，如果是采取“守”的态度，终究会演变成消极的态度，而失去

以前所拥有的积极前进的动力，成长便会停顿。

有人说过，不满足现状的人，要么是胸怀大志者，要么是贪得无厌者，因此我们要做不满足于现状的人，但绝不可做一个贪得无厌的人，因为“欲望无止境”！

善待自己，别在自责与怨恨中折磨内心

现实生活中，我们发现有些人爱赌气，遇事想不开，易迷失自我，在情感得失之事上，也总是拿不起放不下。同时，有些人还爱钻牛角尖。甚至在现实生活中，很多人有点“神经质”。为何那样多的人，老是与自己过不去呢？应静下心来想想，让内心保持一份悠然自得。不要一味地跟自己过不去。也不要责备和怨恨自已，因为，我们已经尽力了。

凡事别跟自己过不去，永远保持对生活的美好认识和执著追求，才能做到更加珍惜生活，积极创造生活。

武炎是个在海外留学的女生。有一次，她参加一个冬令营，参加的成员都是大学生。大家围在营火旁聊天，她发现自己的见识、观察和表达能力，都比其他学生差，觉得自己不适合和她们在一起交流，于是就躲到一边看书去了。当有人问她以前念哪个学校时，她讲不出口，就神秘地说：“你猜？”没想到那个人说：“肯定也不是什么好学校！”她的自尊心更受到了打击。

当别的女孩正在尽情享受青春年华时，她却总是跟自己过不去，一天到晚闷闷不乐的，和其他同学也离得很远。她的这种异常被老师发现了，在一次师生交流会上，老师单独和她聊起了她的这种心理的危害。

“你知道吗？你是个很出色的女孩，你到学校来的时候，你的英文成绩是最棒的，可是为什么现在下降了呢？是因为你不愿意交流，我很少看见你和同学们说话。”老师问她。

她也就把自己的心事跟老师和盘托出了：“因为我觉得她们很排斥

我，我是二流大学出来的学生，只是因为英语还可以才被送来留学的，她们自然瞧不起我。”

“你多想了，同学们没有这样的想法，你不要认为自己不如人，你是名优秀的中国女孩，放下你心里的包袱，不要跟自己过不去。”

晚上回去，她想了很久，她觉得老师说的也对，跟自己过不去只会让自己不开心。课程还学不好，何必呢？

从那以后，她就变得开朗多了，人也自信多了。后来有个女生对她说：“你这么棒，肯定是从名牌大学来的吧。”她笑了笑。

几年以后，她以优异的成绩归国。

武炎克服了自己的心理障碍，打开了心结，才让自己走出了孤僻的阴影。的确，做人何必考虑那么多呢？跟自己过不去只会让自己不开心，对自己好一点，善待遇到的麻烦事，也就是善待自己。

李杰是位军嫂，她和很多军嫂一样常年独守空闺，期望可以和丈夫团聚的时间多一点。但最近她不自在了。其实也不是什么大事，本来以她丈夫的级别每年有两个月的假，能在一起的时间也不算少。每年都是过年的时候休息一段时间，夏天六七月中间的时候再休一个月，那中间还有大大小小的假。过去，她的丈夫经常请假回来，平均每个月基本能见一次。可今年快到七月中旬了，没听说丈夫要休假，李杰问他，丈夫说领导说有事，不让休假。可李杰就在想，真有这么忙吗？为什么以前都是很急着想回来，现在从没见他急过？

李杰清明的时候去看过丈夫一次，而丈夫从清明后一直没回来过，她感觉有事情，心中暗想他为什么不想家了呢？女儿也不要看了吗？另外她又想：“我和老公是相亲认识的，所以很多事情不知道，包括以前他的感情经历。婆婆在我面前夸他儿子能干时说漏过一件事：他在现在的单位是因为想见以前的恋人犯了错误而被发配到这里的，本来在部队机关，那里基本每个星期都可以回家。”

说者无心，可她听后一直不平衡，丈夫从来没有为自己做过这种事情。她的大脑里一天就在想这些事，以至于经常跑到丈夫的单位打听情况，搞得丈夫在单位的声誉也不好。

后来，一个偶然的机遇她碰到了丈夫战友的妻子，两个人聊开了。她把自己的事也都说了。

“大嫂，你何必拿这种事来折磨自己呢？听我们家那口子说，大哥在战友面前一个劲儿地夸你能干呢。哪会干出你想的那些事呢？你肯定多想了。”

她回家想了想也是，丈夫是个好人，而且丈夫在单位很上进，不能总是往家跑。想着想着，丈夫就回来了：“老婆，对不起，这几个月让你委屈了。”

当她看见丈夫的那一刻，她感觉自己无比幸福。

李杰及时地想通了，她没有长时间跟自己过不去，这时候，她盼望的丈夫回来了，事实证明也并不是想的那样……

生活是一场游戏，生活是一壶陈年老酒……每个人都应该学会享受生活，轻松而快乐地度过每一天。把自己的心态摆正，用一颗平常的心去体味人生、享受生活。在这个世界上，有许多事情是我们所难以预料的，我们不能控制际遇，却可以掌握自己；我们无法预知未来，却可以把握现在；我们左右不了变化无常的天气，却可以调整自己的心情；我们不知道自己的生命到底有多长，但我们却可以安排当下的生活。

是的，不管遇到什么事，对自己好一点，不要把苦闷留给自己，不要跟自己过不去。心态决定了你的生活是否快乐，快乐的人有着淡定的心，他们也从来不会和自己过不去，因为这是不明智的选择，坦然面对吧！

轻视他人的讥嘲，别和自己较劲

没有什么比讥嘲和辱骂更让人发火的了，讥嘲或者辱骂一个人就意味着向她挑衅或宣战。那么，面对挑衅与宣战，该如何应战？是瞬间被激起怒火，气势汹汹地反驳？还是完全抛弃优雅人的形象和对方大大出手？如果你真这样做了，说明你的内心还不够强大，会轻易被他人的语言所左

右。其实，这并不是一种明智的举动，它说明你的情绪很容易受人影响，做不到内心的真正强大。可能你在反驳中占据了上风或者在和对方的撕扯扭打中占到了便宜，但是下一次遇到比你口才更好的、力气更大的人该怎么办？最好的解决办法是沉默，让他人的讥嘲和辱骂都湮没在自己的沉默中。沉默是一种力量，这种力量会让你的心态从容平静，让讥讽、辱骂你的人对你肃然起敬。

被称为希腊数学始祖、比例之神的泰勒斯是古希腊著名的数学家、哲学家，同时也是一个伟大的天文学家。因为对天文感兴趣，他经常在晚上观察星象。一夜，他步行出门，仰望星空，边走边看，没留意脚下，一不小心，掉进了坑里。因为白天下过雨，所以弄得一身脏。有人看见了，就嘲笑他："连地上的泥坑都看不见，还看什么星象？"

面对别人的嘲笑，泰勒斯一笑置之，并没有争辩与反驳，而是继续坚持观察星象。后来他成功地预测了一次日食，以实际行动让嘲讽他的人闭上了嘴巴。

面对讥嘲和辱骂，人最有利的反驳武器就是沉默，沉默会让你集中自己的精力做自己该做的事，根本没有时间和别人计较口舌上的优势。也许你会说自己很难这样心平气和地面对别人的挑衅，那么不妨换一种角度看这个问题。试想如果一个人送你一份礼物，但你拒绝接受，那么这份礼物会属于谁呢？答案是属于原本送礼物的那个人。那么就把别人的嘲笑和辱骂当做自己拒收的礼物全部退还，你就不会被这些恶意的行为所影响了。

丽香是一家大型食品加工公司的职员。一次，她的老板让她处理一批从美国购进口的机器，这批几年前买进的机器是为了加工一种新口味的食品。由于新饮食理念的提出，这种食品已经失去了市场竞争力，因此，公司打算全部卖掉这批机器。经过几年使用后，扣除磨损费应该还有200万元的价值。老板交待丽香，出售这批机器一定不能低于200万的价格。几经查询，丽香找到一个理想的买主。和买主如约见面之后，这个买主针对这台机器的各种问题滔滔不绝地讲了很多缺点和不足，这让丽香十分恼火。但是在自己刚要发作的时候，她突然想起200万元的底价，为了完成自己的任务，于是她又冷静了下来，一言不发，等着这个买主把话说完。结果到了

最后，买主看丽香这么沉默，开始显得焦急了。实际上，这个买主是急需这批机器的，他这么挑来挑去，只是想把价格压底一些。最后，买主忍不住了，对丽香说："好吧，这批机器我最多出价300万元，再多的话我可真是不要了。"于是，丽香很聪明地把机器卖掉，还比计划的多赚了整整100万元，得到了老板的赞赏与嘉奖。

从丽香的这个故事中我们依然能看到沉默的力量。她的买主虽然嘲笑她的机器有各种缺点和不足，但丽香并没有针锋相对地与之辩论，而是采取了沉默，而许多擅长心理战的高手经常会利用"沉默"这张牌来打击对手，也往往利用它来达到目的。最后丽香不仅圆满完成了任务，还比计划多卖了100万元，这真是名副其实的"沉默是金"。

讥嘲与辱骂他人的人，大多是心胸狭窄、修养不高的人，人不必和这种人计较、动真气。中国古代的大文豪苏轼曾经也做过让自己尴尬和难看的事情。他有一个好朋友叫佛印，两人经常一起打坐、参禅。佛印老实，经常被苏轼欺负。一天两人又在一起打坐，苏轼问佛印："你看我像什么？"佛印说："我看你像尊佛。"苏轼听了很高兴，对佛印说："你知道我看你坐在那儿像什么？像一摊牛粪。"佛印沉默不语，苏轼以为佛印嘴拙，不会反驳，自觉占了便宜。回家后苏轼向苏小妹炫耀这件事，苏小妹听后冷笑着对哥哥说："你这个悟性还参禅呢，你知道参禅的人最讲究的是什么？是见心见性，你心中有眼中就有。佛印说看你像尊佛，那说明他心中有尊佛；你说佛印像牛粪，想想你心里有什么吧！"嘲笑和辱骂他人的人，从他一开口就已经证明了他是个没有修养的人，如果你的品格高他一筹，自然不会把这种人放在心上。

其实，面对别人的讥嘲与辱骂，人一点儿也不必因为害怕而恼羞成怒。有时候，这些话语并非全然没有根据，或许说明了自己真的有些不足之处。因此，听到别人的讥讽时，我们应当虚心听取，仔细反省自己是否有所缺失，并努力加以修正。把别人的嘲讽视为激励，它就能变成逆境中前进的动力！反省之后，如果自认没有任何缺失，或是错误根本不在自己，那就更没有必要大动肝火了，你完全可以不予理睬，我行我素，继续保持沉默。

本本真真，别在诱惑中失去自我

当今社会，是一个充满诱惑的世界，金钱名利会让人醉眼迷离。如果你抵挡不住诱惑，就会成为诱惑的奴隶，被诱惑所俘虏；而如果你勇于抗拒诱惑，在诱惑面前懂得拒绝，并且保持自我，你就能做好自己的事。

聪明的人应该明白：天下没有“免费”的午餐。得到某些东西的同时，总会付出些代价，这代价的多少轻重都是诱惑带来的。诱惑就是伊甸园的禁果，不要去摘取；而心灵就是一扇门，人要守好自己的门，不要让诱惑这个禁果闯进你的门，否则，你只会尝到诱惑带给你的苦果。

有一只狐狸，看围墙里有一株葡萄树，枝上结满了诱人的葡萄。狐狸垂涎欲滴，它四处寻找进口，终于发现一个小洞，可是洞太小了，它的身体无法进入。于是，它在围墙外绝食六天，饿瘦了自己，终于穿过小洞，幸福地吃上了葡萄。可是后来它发现吃得饱饱的身体，让它无法钻回到围墙外，于是。又绝食六天，再次饿瘦了身体。结果，回到围墙外的狐狸仍旧是原来那只狐狸。

狐狸不知道怎么拒绝诱惑，面对葡萄，它只是单纯地想要吃，虽说吃到了葡萄，可它却来回地折腾自己，最终等于没吃葡萄。

虽说动物和人不能相比，可是狐狸的故事却告诉人，不要被眼前的诱惑蒙住了眼睛。你要想想诱惑会给你带来什么后果，诱惑既是蜜糖也是毒药!

小李在一家公司上班，因为是会计专业毕业，她就在公司做会计。公司老板也是她大学时的同学，加上小李也是个本分的人，老板就对她特别信任。另外，公司因刚成立不久，很多制度都不健全。她常与钱打交道，每天少则几万元，多则几十万元的现金经过她手。每当接到钱时，她也总会有一些想法：“要是这些钱是我的多好呀！”

慢慢地，当她看到那些人民币时，贪污的念头就来了。她的确很需要钱，丈夫单位效益不是很好，孩子要读书，老人总是生病……

于是，有天中午，当大家都出去吃饭的时候，她从那成捆的钞票里拿了一捆，有几万块。她告诉自己，不会有人发现的。她把那笔钱存进了银行，公司老板也从没怀疑过她。

可是，小李总是惶惶不可终日，她不敢花那笔钱，怕家里人发现，怕他们怀疑。从此，小李工作也总是无法集中精神，下了班还是精神恍惚。终于，她由于精神问题被送进了医院……

小李贪污了公司的钱，本来想着去挥霍，可是又不敢花，精神上的矛盾让她陷入自设的陷阱之中，最后精神出现问题，这都是因为刚开始她受不了金钱的诱惑……俗话说得好：君子爱财取之有道。面对很容易得到的金钱，心里总有据为己有的想法！这是正常的，但你要知道那不是合法的途径，如果你真走上那一步时，就会和小李一样后悔，心里就会有了一种负担，一种负罪感。这是一种心理的煎熬，这也就是诱惑带给你的痛苦。所以面对金钱的诱惑，你要告诉自己："我才不会干那种事！"

摆在人面前的不止是金钱的诱惑，往往异性的诱惑更让人抵挡不了。异性的别墅鲜花，温情款语以及忧伤迷离，都可以让人为之动情，进而掉进他的情感陷阱中。要做一个快乐自主的人，就得巧识男人真面目，并用理智和聪慧应对他的诱惑……

秋是一位教师，在别人眼里，她贤良淑德。她还有一个可爱的女儿，照说她应该是幸福的， 可是，一切就因为她没有抗拒另外一个男人的诱惑，犯下了一个错误，她温馨的家庭就这样散了。

有一次，她和丈夫因为存款的事吵架了，这已经不是第一回。他们在"冷战"期间，她并不想离婚，因为孩子那么小，那么敏感，她不能让孩子受到伤害；而且，离了婚，她不知道何去何从。当然她并不是没人要的人，她丰满漂亮，甚至称得上前卫时髦，是让人见之眼前一亮的人，追求她的有钱男士多的是。但她都恪守本分，是个极保守的人。

但后来她的上司却走进了她的生活。因为工作时常接触，他又细心体贴，对她极为照顾，而且，上司很有钱。最重要的是，他的确是个好男人，她感到他会对女儿好。后来，他就约秋见面，秋也没有拒绝。他说："我从来不这样，我也不知道，原来可以有一个人让我如此牵挂。"好话

谁不爱听，尤其这么一个内向老实的男人，她就这样沉迷了。她觉得自己空虚寂寞，希望有一双坚强温暖的手臂让自己停靠。

她终于答应了他的要求，和他发生了一夜情。天下没有不透风的墙。一来二去的，同事知道了，丈夫知道了。似乎一夜间全世界都知道了。因为他喝醉了酒，向人夸耀他的艳史。于是就把她供出来了。

她终于离了婚，不过是以这种不光彩的理由。而那个男人也一直没有提出和秋结婚。

秋婚姻的失败就是在于她抵挡不了诱惑……

的确，男人的英俊洒脱以及优雅的举止，不凡的谈吐，会给人一种好感，尤其是当你的生活循规蹈矩如一泓静水之时，他的与众不同，无疑会给你带来无法言喻的激情和活力，但你不要真的以为遇到了白马王子。面对他的怜香惜玉和有情有味的小礼物，你不要昏昏然，当心你遇到的不仅是位花花公子，更是个情场高手。而当你发现的时候，一切就晚了。

总之，不管是金钱物质上的诱惑，还是异性的诱惑，抑或是其他种种诱惑，人都应该守住自己的精神家园，不让任何美丽的东西凋谢，要把诱惑关在门外，走自己的路，善待自己，不要让诱惑给你带来痛苦！

拓展视角，去看看世界广阔的风景

无论何时，人们追求幸福的脚步从未停止过，我们渴望成功，渴望辉煌，但事实上，幸福的定义到底是什么呢？有些人辛辛苦苦忙了一辈子，却一事无成。也有一些人，他们的人生看起来很精彩，但没有一处亮点，没有一点辉煌，都是灰蒙蒙一片，不值一提。从古至今，有太多的人甘愿做井底之蛙，甘愿墨守成规。假如人生是一次旅行，那么，他们就只是在毫无波澜的平原上缓慢前行，毫无精彩之处。人生苦短，转瞬百年，真正的幸福就是做自己，倾听自己内心的声音。有张力的人生才与众不同，你

也才会看到更远处的风景，而首先，你要做的就是突破自我、解放自己。

可能我们都听过卡梅拉的故事：

母鸡卡梅拉厌烦透了鸡窝里的平凡生活，做一次长途旅行是她的第一个梦想。在海的另一边，她结识了火鸡皮洛克，并且把他带回了家，他们俩生下了一只粉色的小鸡——卡梅利多。当卡梅拉开始专注于生活的时候，小卡梅拉开始追求它的梦想了："生活中肯定还有比睡觉更好玩的事情！"……

这个故事中，卡梅拉家族里的每个人都是那样的与众不同。他们敢于幻想，更敢于去尝试别人不敢想的事情。他们不安分于父母的安排，不满足于现状，执著地追求那些种群中认为不可想象的事情。当我们还处于孩提时代时，我们也是天不怕地不怕，我们拥有自己的梦想并且努力地奋斗，勇敢地追求我们的梦想。而当我们长大成人、成家立业的时候，责任又驱使着我们追求稳定，而往昔的梦想更多成为了一个美好的回忆，于是，我们搁浅了自己的梦想，停止了突破的脚步……

美国首富保罗·盖帝说："墨守成规乃致富的绊脚石。真正成功的商人，本质上流着叛逆的血。" 在《杨澜访谈录——专访希拉里》中，有这样一段话："追求自己觉得重要的事情，敢于冒险，不随波逐流，去追求你的梦想。要充分认识自己和相信自己，要倾听自己的心声，做自己喜欢做的事，做那些充实我们生活的事，那样我们可能会经历变化，我们的人生道路可能会改变，追求自己觉得重要的事是最好的生活方式！"

因此，我们要勇敢地追求自己的梦想，这样至少能不断挖掘出我们内心的潜力，真正知道我们所需要的东西，切切实实去体验生活中的一切。那么，我们怎样才能让人生更有张力呢？

1. 积累基础，为突破做准备

很多人心中都有成才成功的梦想，而真正能做到优秀的人却是少数。不是因为这些人墨守成规，也并不是因为这些人不够聪明，而是因为他们缺乏成才成功的坚实基础和坚忍的毅力。

诚然，现今社会，人人都追求张扬的个性，但不能忽视的是这种张扬个性应该建立在内心足够强大的根基之上，否则只能是任人摆布的玩偶，或者是单一的皮影，永远不会是一个鲜活的生命。

因此，一个人若想不断进取，就不能腹中空空如草莽，就要努力储备各种能力、各种知识或各种能为自身发展所用的东西，以待时机成熟，再跨上另一个台阶。

所以，我们任何一个人，都应趁着年轻还有时间和精力，多做对增加自己人生厚度、增添人生张力有益的事情。可能很多人对目前所从事的工作不满，因为它薪水很低，甚至还需要自己委屈求全，但如果你确实能从中学到东西，增长才干，那么不妨给自己制定一个做这份工作的期限，在这个期限之内尽自己所能充分学习、充分提升自己，在到达这个期限之后你尽可以潇洒地向更高的目标迈进，或者那时你可以发现你已经站到了一个相当高的高度来审视这份工作。

年轻没有失败，失败了可以从头再来，获得的却是经验。厚积薄发，古人早已经为我们把人生态度总结得精辟而透彻。我们自己需要做的就是向着自己的目标不断迈出坚实有力的步伐。

2. 张力的人生应该经得起各种考验

人生多曲折，但人生也多快乐！一个人要想成功突破自我，保持人生的张力，就必须要有一颗平常心，并经得住各种人生的考验。因为改变带来的不一定是快乐，也可能是痛苦，你必须要有平常之心彰显你对人生理解的弹性，否则你必然难以应对来自于四方八面的压力。

人生没有什么可以循规蹈矩，变化就是人生的主旋律。人生犹如生活在很多大大小小的圆圈之中，当骄傲、自满时，自己就只能生活在愚昧、无知的小圆圈之中，只有不断地突破自己，加强学习，才能走出小圆圈，跨入大圆圈，走向进步和成功!

幸福是在珍惜中获取的珍宝

在快节奏的现代社会，为了生计，为了拥有更好的生活，我们常常

步履匆匆，忙于工作、事业，却忽略了自己的内心。但当夜深人静，当你驻足窗前，当你看到绚丽的霓虹时，你可曾想过有否错过了生命中更重要的东西？那就是情感！你是否发现，你的双亲已经双鬓发白？你可曾代替妻子接送过孩子？你还记得当年处于人生低潮时朋友的那个鼓励性的拥抱吗？你是否已经将爱人送你的某个礼物遗忘在角落？当你看到妻子在睡前为你端上的一杯热牛奶，你是否细心地感受过？

想到这些，你的心是否为之一颤？人生路上，我们可能错过很多，也可能失去很多，但唯有情感是我们无法忘怀与漠然以对的，因为我们有血有肉。但许多情感都经不住搁浅，经不住时间的洗礼，为此，我们必须要懂得珍惜，从亲情、友情、爱情中提升幸福指数，拾起这些曾经遗失的情感碎片，你才能在人生的路上一路收获！

一个女人，在她结婚周年纪念日的下午来到一家首饰店，急匆匆地买了枚戒指，她对花店的服务员说："请把戒指包好，天黑之前送到我家，给我丈夫，我还要参加一个会议。"

然后她匆匆忙忙填写一张卡片，上面写到："亲爱的，晚上我还有一个会议，抱歉不能与你共同庆祝。"

在她逗留于首饰店的短短时间里，进来一位老太太。老太太一进门就说："给我看看你们这里的手表"。

女人回到公司，交待了一些工作后，马上开车去赴她的会议。就在公路上，她看到了一个似曾相识的身影，那不正是买手表的老太太吗？她放慢车速想看看老太太在干什么。啊，原来，那是一个小小的墓园，老太太把那手表埋在了墓地旁边，然后静静地坐在那里，一动也不动，背影写满了悲伤和怀念。

这一幕映入这个女人的眼里，她的心忽然痛了一下。然后，接下来的事情是，她开动引擎，把车子调头，朝着来时的方向疾驰而去。她赶到那家首饰店，推门进去，幸好首饰店的服务员还没有送出那枚戒指，她急忙说："请把戒指给我，我自己送！"

当女人开车到家，看到一个大男人正在喂孩子吃饭时，不禁失声哭出来。

看完这个故事，我们不禁也为之感动。是啊，人生苦短，时间可能会

带走一切，如果我们不懂得珍惜，那么，剩下的可能就只有叹息！可是生活中，又有多少人能和故事中的主人公一样读懂细腻的感情呢？

那么，从现在起，对于感情，我们一定要细心呵护：

1. 守护血浓于水的亲情

其实，亲情就是一种幸福，一种永恒。从婴儿的“哇哇”坠地到长大成人，父母们花去了多少心血与汗水，编织了多少个日日夜夜；从上小学到初中，乃至大学，又有多少父母为之呕心沥血。

亲情是永恒的，母爱总是无微不至的，父爱是伟岸的，亲情是一种没有条件、不求回报的阳光沐浴，亲情最无私。而只有当我们体验了亲情的深度，才可能领略到友情的广度和爱情的纯度，这样的人生，才称得上是名副其实的人生。

2. 珍惜婚姻，忠于爱情

的确，无论是爱情还是婚姻，说白了就是两个人如何相处。这个过程中，你不妨大度一点，多点知足，少点计较，这样，你会发现，呈现在你眼前的，就都是美好。如果你走在婚姻的十字路口，如果你还陷在婚姻取舍的矛盾之中，如果你依然觉得原配的可取之处大于可恨之处，你就应该重新审视自己而不是对方！

3. 真心付出，收获友情

人都是群居动物，每个人的人生旅途中，都会拥有几个死党，也会有一些关系一般的朋友。“朋友多了路好走”，有友情相伴，我们的人生路途便不再孤单。但你想过没有？友情也需要付出，一味地索取，只会让友情干涸！斤斤计较，更会让友情之路变得狭窄。认识到这点，我们就需要用心呵护友情，真心对待朋友，这样，你收获的便是一份坚不可摧的友情！

总之，亲情好比是一杯绿茶，甘醇得令人回味无穷！友情就是一杯美酒，放得越久，越浓越醇；而爱情其实很简单，一个眼神，一个举动就够了。人生漫漫，追逐的东西太多，但对待周围的人，我们一定要懂得珍惜，懂得呵护，否则老之将去，悔之晚矣！

第14章 放下执著：女人放下迷失的爱即是幸福

我们都渴望有一份平凡而又美好的爱情，守着爱的人过一生。对于爱情，我们又有很多美好的幻想和憧憬，渴望有一生一世、亘古不变的一份爱。可是爱情的世界里有太多不稳定的因素，也有太多我们无法控制的变故。心中的爱人可能一去不复返：她可能成为别人怀中的新娘，他可能已经和别人牵手浪漫于梧桐树下。你的爱人也可能曾经伤害过你，而你，也不必要在感情上苦苦折磨自己。不是你的爱人，就从心底放下，那是错爱。而对于曾经伤害过你的爱人，为了自己幸福，何必苦苦去追究？我们不要在爱的执著中迷失自我，放下是一种智慧，放下才能释怀！

与往事干杯，不让自己更伤感

悠悠往事如铭记于心的照片，凌乱而充满记忆，总是在心灵深处盘旋，让你在毫不经意间忆起，又百无聊赖地想忘记；悠悠往事如默默生长的兰草，总对你含情脉脉地吐露芬芳，而在你留意之时，却不经意间枯萎了；悠悠往事如转瞬即逝的烟花，曾经绚烂非凡，却不可能停留……

女人的记忆中盛放不了太多凌乱、不堪回首的往事，我们无需用过去的伤痛无止境地折磨自己，过去的就慢慢放下，自己的心才会变得更加轻松。

女人要知道，人生在世，不同的阶段会有不同的使命，过去的快乐和痛苦，请郑重地放下，不再纠缠，不再因它而伤感，而是珍惜地将它留在过去，留在记忆中，慢慢沉淀，而后，放下一切，再次快乐前行！

以前，雅兰每到深夜都会放一张CD——林忆莲的*Sandy*，碟中有：《至少还有你》、《伤痕》以及《此情可待成追忆》等脍炙人口的经典歌曲，那橘红色的表面像曾经温暖的爱情颜色，现在带给她的却是难以言说的伤痛。她曾试着不再纠缠于那段往事中，有一阵，她固执地以为不再听这张CD，就能回到那段往事之前，后来她才发现，她根本做不到。

CD是雅兰前男友去韩国之前送给她的。那天雅兰生日，男友把那张碟子夹在一大堆写满誓言的贺卡与鲜花中间，从身后激情洋溢地递到她面前。然后抱着雅兰说："是你喜欢的林忆莲"，并在雅兰耳边说着缠绵的话语。那是她经历的第一次爱情。等待男友回国的日子里，雅兰满怀期待

地听着*Sandy*，幻想着幸福的爱情和未来。

两年后，男友回国了，将一张粉红色的结婚请柬递到雅兰手上。雅兰呆呆地站在那里蓦然间不知所措。最终，雅兰没能参加他的婚礼，她们的爱情终成隔世的回忆。在那个伤心的晚上，雅兰听着*Sandy*，才突然发现，再美丽的爱情也禁不住时间的洗涤。男友完婚后，回韩国定居，后来曾回国过一次，宴请了除雅兰之外的所有朋友。当闺房密友把这个消息告诉雅兰时，她真的就像死过一次一样，朋友对她说："不见你，可能是怕让你伤心吧，你还是忘了他吧，这样无谓的纠缠、回忆是没用的。"

于是雅兰发誓忘了他，让悲伤止步。她离开了曾经充满甜蜜的城市，想从往昔中彻底走出来，心情似乎也好了很多。渐渐地，在新的城市，她邂逅了现在的丈夫，丈夫和她一样也爱听林忆莲的歌。当她再次听到《至少还有你》的时候，回忆如潮水般涌来，却带着让她安心的平静。这时，她才知道，她真的不再纠缠于过去了，能放下一切，开始她的新生活了！

女人活着，就要学会放下，放下毫无结果的爱情，放下已成昨日黄花的往事，放下曾经深爱过却无法厮守的人。雅兰就是这样才从悲哀中解脱了出来，看到了放晴的天空。

女人生命过程中的每一段，走过了都无法再重来，除了偶尔的嗟叹、回忆之外，就不要过多地纠缠了，而应好好想想如何经营余下的人生，让自己短短数十年的人生更加精彩。每一个女人都是独一无二的，每一天也是独一无二的，在通往未来的旅程中，我们不必再为往事痛心，让它成为自己心中的枷锁，让自己徒增烦恼。

美娟是在一个工作环境很差的地方认识立强的，刚开始美娟没有在意立强，后来才慢慢对他有了好感。立强知道美娟爱戴手表，就在回老家之前送了一块手表给她。虽然美娟没有对他说什么，但她很爱惜立强送给她的东西。后来，美娟不小心在生日那天把手表丢掉了，当时她感到很难过。

立强回老家后，他们之间的联系也是断断续续，有误会，也有快乐。美娟为他思念过、哭过而且梦到他跑回来找自己，还问自己：“我们能在一起吗？” 美娟一直没对立强承诺过什么，因为她觉得他们好像不是一路人，也因此没有勉强自己与立强交往，答应去看立强也没有去。就这样过了一年，美娟再次过生日时，立强打电话给美娟说：“这是我第一次送歌给你，也是最后一次。”当时听了一半已经是以泪洗面的美娟关掉了手机，一整天脸色都很差，这其实是她早有准备的结果，但她还是忘不了立强。

终于，立强结婚了，得知此消息的美娟痛不欲生。美娟常想如果不是他们家庭有别、城市不同，也许会走到一起，过得很幸福，而不是像现在这样。美娟常常想念他。

美娟现在无论怎样回忆过往，怎样感叹，也终究只是枉然。与其总幻想着之前的华丽时光，凄凄然虚度年华，不如不再纠缠过去，收拾心情，活在当下，让笑容重新回到脸上。

往事，早已成梦。当一切已成过去，我们不妨轻轻地拥抱一下回忆里的温暖，感受一下记忆里的温度，然后干干净净地离开，不再纠缠于那一张张陈旧的照片、一页页泛黄的日记，就这样，让那些刻骨铭心的往事慢慢地变成落叶，随风轻轻地散去……

在误会中，更要懂得看开

大千世界，男人被认为是一种力量的象征。男人是丰富的，像大海；男人又是简单的，像蓝天下一只翱翔的鹰！

有人说，男人是潇洒豁达的，面对红尘滚滚，面对潇洒人间，面对人生百味，男人一笑而过！男人的高明之处，在于比女人更豁达，当女人还在为小事斤斤计较时，男人已经看淡一切，开始准备人生新的征程了。

在感情的世界里，男人也是如此，更应显得豁达。或许你被她误会，

不要因此看不开，不要给心灵打结。不要沉沦，不要耿耿于怀，否则你只会迷失自己。误会是可以解开的，爱情依旧美好。

男人是坚强的，男人不能因为爱情中的误会而低迷。解开误会，还是一段美好的爱情，即使曲终人散，你依旧可以携琴潇洒离去！

夏天就是个拿得起放得下的男人。面对误会，他没有让误会成为他的遗憾，而是坦荡地面对，最终解决了误会，和心中的爱人有情人终成眷属。

刚来上海没多久，夏天便认识了怡，当时他怀着一腔抱负来到他哥哥的公司，想在这个陌生的城市里闯出一片天地。不久，他便注意到对面公司里一个总挂着甜美笑容的女孩，她跟他差不多时间上班，和他一样也有看报纸的习惯，偶尔他们还会乘坐同一部电梯。遇到几次以后，他们算是认识了，见了面会用点头微笑作为招呼。于是，他多了一种消磨时光的方式——去对面公司找她聊天。

她告诉他她叫怡，大学还没毕业，趁大四找了家公司实习。怡就像个小妹妹，人前人后总是笑眯眯的，很招人喜欢。作为过来人，他常会跟她说一些人情世故：如何与同事相处，如何讨老板欢心，等等，也会跟她聊聊家乡的小吃，经常馋得她直咽口水。而她会回报一些学校同学的糗事。那些洒满阳光的早晨，他俩的笑声点缀着安静的办公室。

从那以后，他们早上看报纸聊天，上班时就发短信互相询问，他的日程表中也多了一项内容——下班送怡回家。工作不忙的时候，他们会去看电影、逛马路，偶尔，怡也会到到他住处陪他看碟。两个月后，她成了他的女朋友。

怡比他小8岁，这个年龄差距不算小，但他觉得和她特别投缘。身边有她的时候，他可以忘掉生活中的烦心事，让她的笑声占据他的一切。谁知道，因为这样的年龄差距，她的家人很反对他们交往，还把她关了起来，不许她出门。

他们找他谈过几次，让他放弃怡。最终是怡发来的短信坚定了他的信念。她说，无论家里怎样反对，她都会坚持。人们总说，经过磨难的爱情最经得起考验。从那以后，他们的感情也真的越来越好，让他相信她就是他找寻一生的真爱。

毕业后，怡进了电视台，搬来和他住在了一起。怡也不是没有缺点，可能是因为她在单亲家庭中长大，缺少爱护，所以“疑心病”很重，很容易吃醋。到了月末，她会去查他的手机账单，研究着上面的陌生号码；有时同事开玩笑地说给他介绍女朋友，她会认真跑去找人家理论；如果看到他跟别的女孩子在一起，她的脸上立刻就会由晴转阴。不过这些在他看来，都是她在乎他的表现。

怡有一个双胞胎妹妹澜，由于从小父母离异，姐妹俩从小没有生活在一起，感情也不是很深，但因为怡的缘故，他认识了澜。有一天，澜失恋了，在酒吧喝酒。她的男友原来早有妻子。澜给姐夫打电话，他把妹妹送回了家。

当天早上，怡就知道了。从她的眼中，他看到了疑惑与不信任。是的，她认定他和澜背着她“有一腿”。对于敏感而又多疑的怡，他真的不知道该如何去解释，心中只有委屈。就这样，他好几天都没有见到怡。虽然她没有提出分手，却让他像个等待宣判的犯人，忐忑不安。

最后这件事搞得邻里皆知，舆论的压力，她的父母……她知道，他们完了。不出所料，几天之后，在两家人坐下来长谈之后，他们决定正式分手了。

和怡分手后，他感到一颗心被生生剜去了一半，整个人只剩下一副躯壳。于是，他不顾怡家人的反对，每天在怡的公司门口等她，尾随至家门口，每天给她发短信。时间能见证一切，怡终于原谅他了，而此时，他也将心中的委屈毫无保留地告诉了她，最终两人重归于好。

一场误会让一对恋人不欢而散。面对她的误会，当时的夏天，却不知道如何解释，心中的确有委屈。但他是个豁达的男人，拿得起放得下，他看得开，并以自己的方式解开了误会。

男人就应该在心中放一块静心石，对于她的误会要放下，很多误会可以解开，就像夏天和怡一样。假如他没有豁达地放开，并且不去解释，就只能让自己饱受爱情的折磨。

男人何必在乎那么多，只要你是爱她的，放下她对你的误会，好好爱她；潇洒地面对误会，并将误会解除，她也会因为有这样的爱人而更加珍

惜这段感情。你们依旧可以和以前一样幸福。

要及时原谅伤害过你的他

在感情的世界里，或许你受过伤，或许你到现在还大伤未愈。有一剂药方可以治你的伤，那就是：放下伤害，原谅伤害你的人。人生原本短暂，为何要为那些过去的情仇爱恨而执著不放呢？为何要让自己的心始终纠结在那些早已逝去的悲伤上呢？原谅伤害你的人，放飞自己的心，让那些痛苦的伤害随风而去吧！

如果他（她）伤害了你，原谅他（她）吧！毕竟你们曾经真心地相爱，彼此的伤害又何必强加于他（她）的身上。爱人之间相互伤害，本已经是足以残忍的事情，如果因为他（她）还深爱着你而去伤害你，你应当庆幸他（她）还爱着你。给他时间和空间，让他去明白对你的伤害也会让他心痛一生；如果他因为不再爱你而去伤害你，你应当庆幸你们不在一起。一个不再爱你，而又去极力伤害你的人，与他分开又何妨？

原谅伤害过你的人，不仅仅是为了别人，而是为了自己的心安，为了自己能够快乐地过好每天。曲折的人生，会经历很多，只有输不起的人，只有放弃希望的人才会停在原地不断地去报怨。接受伤害，原谅伤害，你才会真正地放开，才会快乐！释怀伤害，才能面朝大海，春暖花开！

他们是高中同学，曾经谈过朋友，但分手的时候闹得很不愉快，原因是他脚踏两船——是他在有女朋友的情况下，还招惹她（他告诉她和对方分手好久了）。到最后她发现他脚踏两船的时候，她质问他，他竟然当着他女朋友的面，说是她勾引他，倒贴他的。而她也莫名地挨了他女朋友一记耳光。

这件事情，整整过去快7年了。有一次同学聚会，组织者找到了她，她说她不太想参加，因为不太想见他。后来约了几个同学在她家小聚会了一

下。也不知道他是怎么知道的，他问那组织者，为什么不通知他。组织者说，因为顾及到她和他当年的事情，所以没有叫他。他竟然很轻松地说，那么多年前的事情了，没什么。还叫组织者通知她啥时候一起吃个饭。而且，他竟然今天打电话给她，她听到是他，就挂了。他竟然发了条消息给她：这么多年过去了，还呕气啊？

她当时很生气，她说她永远都不会原谅他这个厚颜无耻的人，伤害别人还希望获得原谅，不可能！

其实，她完全没必要在去恨他，事情都过去很久了，恨他还有什么意义，而且，恨也只会让自己不快乐，倒不如大大方方地原谅。她应该庆幸当初没有和他继续那段感情，不然或许被他欺骗得更深。由此想来，她没有什么可放不下的，也就可以原谅他。

的确，这世界上最伤害人的就是情感上尤其是爱情上的伤害，有时候它就像是个被烫伤的疤，即使使用了最好的治疗方式，疤痕早已无法辨认，可是被烫的一瞬间的痛总是让人记忆犹新。而那个伤害你的人就是让你烫伤的罪魁祸首，你恨不得一辈子诅咒他。可是，你想过没有，你恨了又怎样？你会快乐吗？只有宽容了、放下了，你才会真正地快乐起来，才会正视那段伤害！

当年她和男朋友非常相爱。在一起1年多后，为了实现父母的心愿，她离开了自己居住的城市去外地读书发展，三年的时间他们一直都有联络。今年暑假回家两人相见了。假期结束分别的时候他发信息给她，说：爱你。为了这份等了三年的爱情，她下定决心放弃眼前的所有回去和他一起生活。就在她做决定的那天，遇到了他的一个朋友，她突然听说他一年前已经结婚。当时她就蒙了，一点儿不相信，后来她和他在QQ聊天，她就当做不知道，告诉他她即将毕业了要回去和他在一起了，他却说不希望她回来，说外面的世界发展潜力大，既然耕耘了就要有一份收获，回来不一定可以幸福，说相爱不一定要有结果，如果没有结果就不会有尽头，还说没有答应她什么，也没有承诺过什么。而且他始终都不说出自己已经结婚了。当时她听完很生气，觉得也很可笑，并有种想要报复的感觉。可是站在他老婆的角度上考虑，她又不希望伤害到他的家庭，因为如果这么一

闹，他们以后的生活一定会有阴影存在，这是一辈子的事情。她是个善良的女孩，可就是因为爱，她实在没办法接受他的所做所为。她理智地想了想：就这样算了吧，毕竟是自己爱过的人，即使闹了又怎么样，恨了又怎么样？还不如潇洒地放下，让他幸福吧。

就在她和他分手后不久，她考上了上海一所大学的研究生。在读研期间，她遇到了自己的真命天子。毕业以后，两人顺利地步入了婚姻的殿堂。当她对丈夫谈起这段恋情的时候，丈夫对她的豁达和宽容赞叹不已。

她就是个明智的人，面对他三年多的欺骗，没有大吵大闹，没有去恨他，而是原谅了他，并祝他幸福。这就是真正的宽容。的确，恨有何用？她应该庆幸，她只是被伤害了三年，而不是更久的时间，放下对他的恨，她活得更好！

不管他是因为爱你，还是不爱你而去伤害你，你都应该学会宽容，而不应该去恨，不应该耿耿于怀，宽容了伤害你的人，也就是宽容了你自己。学会放下，你才会真正地快乐，你的心才会平静下来，才能享受人生！

别再为爱深深负累

有人说，爱情就像一只蝴蝶，它喜欢飞到哪里，就把欢乐带到哪里。的确，爱情是美好的，可是爱情在带给人快乐的同时，很多时候伴随爱情而生的还有痛苦和折磨。爱情的产生是以相爱为前提的，但爱情真正走向婚姻殿堂还需要很多，爱情的世界里也有很多不稳定的因素，这可能导致爱情的失败。在这个时候，很多人就一蹶不振，陷入了人生的低谷。

爱情本美好，不要让爱成为你的负累。不属于你的爱，就放下，别让爱情伤了自己。即使爱情离去，你的生活里还有阳光，爱情只是你的一部分，不要让爱情迷失了自己。快乐是自己定义的，走出爱情失败的低谷，

让快乐之光重新照耀在你的身上。

放下了，你才能重新找回自我，才能获得真正的解脱，才能释怀。

湘莲终于放下了那段不该有的爱，让自己走出了婚姻的阴影。

她的丈夫脾气不好，又有点爱吃醋，不允许她和任何男性说话，而且事事做得很绝，比如经常当着众人的面打湘莲，还经常不回家。更讽刺的是，由于他觉得湘莲不够好，就在外面又找了另一半。湘莲被丈夫打害怕了，从四川偷偷地跑到天津的妹妹家来，妹妹劝她离婚，可她说他们以前真的很相爱，况且离了婚孩子怎么办。在她来到天津的第4天，丈夫也追到了天津。早上到的天津，中午就杀到妹妹家要人，非要叫湘莲跟他马上回去。一听他来了，湘莲眼泪一个劲地掉。是人都看得出来，湘莲是被他打害怕了，但还是放不下他。

在妹妹家里，他又当着妹妹全家人的面打湘莲，忍无可忍的妹妹、妹夫以家庭暴力将他告上了法庭，法庭最终让他们离了婚，而离婚后的湘莲才才脱离了那段只会给她带来痛苦的婚姻。

婚姻本来需要的就是夫妻双方的呵护、理解、包容，可是湘莲的丈夫却对自己的爱人实施暴力，这时候婚姻对于湘莲这样整日活在暴力中的人来说，就是苦痛，而不是幸福，就应该离婚！这样的婚姻不值得留恋，否则婚姻就成了生活的负累。

放下才能真正地快乐，才能释放自己的心灵，坦然面对不该有的感情，收获的是另一番友情。

他们从相识、恋爱，再到分手，前后折腾了快半年。时间不长不短，两人总是有种距离感，很奇怪的恋爱感觉。追她的时候他说她最吸引他的是那种特别女人、特别温柔的味道，听了后她立即放下马尾辫，天天装淑女穿长裙、细声细气地说话。可发展到后来，一想到和他约会要穿细跟鞋她就腰疼。于是她开始找借口推托，一周难得见他一面。终于有一天他对她说了一句很重、当时听来很伤人的话：“装累了吧，装累了就别装了，好聚好散吧。”

分手之后真的难过了几天，毕竟自己是被甩的那方。但很快，她就回到了从前一条牛仔裤穿一个星期、素面朝天参加PARTY的灰姑娘生活，失

恋很快被她抛在脑后。没想到三个月后有一天她去机场接客户，一下子撞见他和一个姑娘手拉手地从安检处出来，看来是刚旅游回来。仔细打量一下那女孩，大耳环，连衣裙，一看就不是自己这种冒牌淑女能比的。他看见她除了有点意外，一点儿都不尴尬，还大大方方地向那女孩介绍："这是青青，就是以前我跟你提过的那个女孩。"

事情发展得有点出乎意料，他不再像以前那么回避她，反而主动打电话约她吃饭，有时带着他的现任女友，有时自个儿来。她对他也大大咧咧起来，像哥们一样地喝啤酒、大声说话，她突然发现跟他还有蛮多相似点的，但为什么恋爱时总是感到无话可说呢？他也有相同感觉，他经常像头一次认识似的盯着她说："早知你那么可爱，当初就不那么容易让你跑了。"她当然知道他说的是玩笑话，只是生活中多一个和他聊天瞎扯的异性哥们也挺好。

他和她恋爱过，可是当分手以后，他们却成了要好的朋友，这是因为他们都能正视以前那段感情，都能真正地放下。对于她，她失去了爱情，却换来了可贵的友情。

这个世界上，让你沉迷的人不一定是你的真爱，不要为爱深深负累。既然失去了，又何必苦苦执著呢？既然不属于你的感情，就放下，放下了你就会真正地快乐，就能真正地释放自己，解脱自己！有时候，当你放下的时候，你会收获更多，如友情。甚者，放下眼前的，你会发现真爱就在前方！

拥抱爱，放下才不会痛苦

爱情的美好，只有相爱的人才能体会。爱是每天晨起的梳梳洗洗，爱是无微不至的细心呵护，爱是无所不能的承受与付出，爱是春暖花开时对你满满的笑意。在爱情的问题上，往往没有谁对谁错，爱情是一种缘分：

缘至则聚，缘尽则散。能够结为夫妻并相伴到地老天荒，那是珍贵的不尽缘。而不能修成正果的爱情便不是真正属于你的爱，放下才不会痛苦。

有人说，恋爱就像口香糖，时间长了会平淡无味，觉得平淡了就想放弃，而无论丢在什么地方，都会留下难以抹去的痕迹。的确，爱情的伤就好比烫过的疤，永远无法抹去，可是，你想过没有，你为什么要在乎那个疤？不要让那个疤左右了你的心情，痛苦只不过是自己的感觉，当你觉得自己痛的时候，它肯定痛，而你自己觉得不痛的时候，自然就不痛了。一切只在于你的选择。

当无法将爱的痛放下时，就会让自己陷入无尽的深渊，伤害的不仅是自己，还有别人。江义就是这样，铸成了大错，也让自己走上了不归路。

“汪娇一直在耍我，害我投入了精力，花光了钱，一次次把我骗来，我来了又叫我走，我不知道她把我当什么人了……”提起她，江义依然咬牙切齿。对于这个曾经爱过、为之付出的女人，他想娶之为妻，却遭拒绝。而这就成了他杀她的原因。

2006年，江义在打工时认识了汪娇，两人觉得蛮谈得来，特别是江义，一段时间后竟有了要与汪娇一起过日子的想法。两人租了房，开始同居。江义想把汪娇带回家，可是汪娇却一直不肯答应。

江义搞不懂汪娇到底怎么想的，事情就这么拖着。直到2007年6月，江义发现汪娇的手机上经常出现一个华的号码，追问之下，汪娇也不肯说，这令江义很是憋气。在得知这个号码是汪娇新男友的号码时，江义不禁心灰意冷，打算不再与汪娇来往。但想想又心有不甘，决定做最后的努力。

7月4日下午，江义费尽周折找到在麻将室打牌的汪娇。两人回了出租房后不到20分钟，就有一个男子找上门。汪娇和那男子嘀嘀咕咕的，江义这才知道原来这男子是汪娇的新欢，“正是这男子夺走了自己的所爱。”江义恼羞成怒。当得知汪娇买手机的300元钱是那男人垫付时，江义毫不犹豫拿出300元让汪娇还给他。可是，汪娇却把江义赶走了。

被汪娇赶走的江义一个人回了旅馆。第二天上午，江义来到汪娇的出租房，埋怨汪娇的绝情，责怪汪娇没有人性，并执意要走，然而汪娇的挽

留又使他打消了念头。

誓与汪娇一刀两断的江义，因为汪娇的一个个电话催促，又一次赶到她那里。可是她却给他一副冷漠的面孔，江义火了："你把我弄成现在这个样子，干脆我把你弄死算了。"于是，他用毛巾把这个伤了他很多次的女人杀死了。

他是个重感情的人，他无数次相信汪娇，可是却无数次被伤害。他最终受不了她的欺骗，结束了她的生命。其实，江义应该明白，这样的女人不值得自己的付出，那么又有何必执著呢？杀了她，虽然泄了愤，可是最终自己还要接受法律的制裁，受伤害的其实是自己。其实，当自己被骗几次以后，江义就应该知道汪娇不是那种可以和他过日子的女人，那么就应该放下她，而不是为这段错误的感情付出这么惨痛的代价。

放下，才不会痛苦。在婚姻中，很多痛苦是漫漫无绝期的，结束这种痛苦的方式自然就是离婚，长痛不如短痛，放下才会解脱。

秋雨就一直这样在丈夫的伤害和背叛中苦苦地活了很多年，即使丈夫做错任何事，她似乎都不愿意离婚。她是个傻女人。

在常人看来，他们的婚姻是个错误，两个人的性格是完全不合拍的。

秋雨的丈夫爱赌博，爱玩，不是一个居家男人，他所赚的钱，不是自己花掉了就是输掉了，目前所拥有的财产，都是秋雨攒下的。而秋雨却是一个典型的贤妻良母。

在女儿还未满月的时候，他的出轨事件就闹到了顶峰：他在外面租了房子，养了一个女人。 她本来说要离婚，可是让他一个人流落在外，她做不到。于是她捧着半个蛋糕去看他。就在那个晚上，他坚定决心要回来。他在她回家之后发信给她，说还是家人最亲，想要回家，说早已不再跟那个女人来往了。在七大姑八大姨的求情下，她最终没有离婚。可是，他根本就是江山易改，本性难移。不到一个月……

有一周末的晚上，丈夫说出去吃饭，秋雨对此感觉不安，便抱着女儿到处找，终于找到了。她看到三个男人吃饭，每人旁边坐着一陪酒女，丈夫身边的，正是以前那个女人。当时的场面非常难堪，她什么都没说，气得跑到公公那里诉苦，老人家是火爆脾气，火窜了上来，立即跑去找到

那女人扯她头发。回家以后，连公公都劝秋雨离婚，说自己养了个不孝之子。

可是那次事件后，他们没多久又和好了，她又一次原谅了他。而她还在继续被丈夫的背叛伤害着，她只能以泪洗面……

女人也有自尊，女人也应该维护自己，既然给了他机会改过，既然他还是让自己不断受伤害，那么就应该离婚，彻底摆脱失败的婚姻，而不是让自己继续痛苦着。婚姻是以夫妻双方互相尊重和平等信任为前提的，既然他无数次地背叛你，这种婚姻的存在也只是痛苦，只有放下，才能结束。

泰戈尔说，爱是亘古长明的灯塔，它定睛望着风暴却兀不为动；爱就是充实了的生命，正如盛满了酒的酒杯。的确，爱本应美好，值得守候的爱，是属于你的爱，就应该珍惜。爱是一种甜蜜的痛，可是当爱情带给你的只有痛苦的时候，你就应该重新审视这样的爱，该怎样结束痛苦，尽早放下。缘尽了，累了，就放下，你才不会为爱迷失自己，才会找到属于自己的爱。

缘分不能勉强

人说，对的时间，遇见对的人，是一生幸福；对的时间，遇见错的人，是一场心伤；错的时间，遇见错的人，是一段荒唐；错的时间，遇见对的人，是一生叹息。

张爱玲一句："于千万人中遇见你所要遇见的人，于千万年之中，时间的无涯的荒野里，没有早一步，也没有晚一步，刚巧赶上了，那时也没有别的话，唯有轻轻地问一声：'噢，你也在这里吗？'"感动了很多人。让很多人为这样一份爱痴求着，这就是缘分，而有缘无分之人最终无法走到一起。俗话说得好，一个萝卜一个坑，你最终会掉进那个"坑"

里，真正属于你的另一半会“不请自来”。缘分不能勉强，如果对方不喜欢你，你再怎么追也没用；对方喜欢你，就根本不需要挖空心思去追。

三毛说：“男人是泥，女人是水，泥多了，水浊；水多了，泥稀；不多不少，捏成两个泥人——好一对神仙眷侣。这一类，因为难得一见，老天爷总想先收回一个，拿到掌心去看看，看神仙到底是什么样子”，这就有了很多爱情的错误，那个人其实不是你的另一半，何必为了那个人苦苦折磨。放下了，你们都能重新去寻觅属于自己的爱情。

爱情的世界里有太多无法解释的因素，但爱情不是一句空话，爱情也是现实的，不要为了不切实际的爱沉浸在幻想里，伤了自己，毁了生活。强爱上的就是一个以他的条件无法企及的“飞鸟”。

因为玩天龙八部游戏，他结识了不少朋友，其中和一个异性朋友的邂逅给他留下很深的印象，她是那么的甜美可爱。她是一家外企公司的主管，也喜欢玩各种各样的游戏，这是因为她是个浪漫的女孩，而且还夹杂着很多童心。她已经28岁，而强只是个20岁的社会无业青年。后来，他们几个朋友稀里糊涂地就结拜了，包括强和她。他为她付出了很多很多。渐渐的强对她产生了好感，她的影子总是萦绕在强的周围。终于有一天他含蓄地向她表白，可她一味遮掩、逃避。第二天，他和她聊了一晚，终于向她求爱了。她是一位28岁的白领，不像青春女孩那样热情。而强，才20岁，还没有正式的工作，也许这就注定了他们爱情的隔阂。她没有直接拒绝强，而是说了一句：“我们做朋友更好，不是吗？”

“嗯”，强笑着回答了一句，可是这个字如千斤巨石碾压者他，他的心碎了，爱痛了。

世界上最远的距离，是鱼与飞鸟的距离，一个在天，一个却深潜海底……强决定离开，临行时他看了她最后一眼。他要把这个自己曾经付出很多的女孩永远忘记。

强是明智的，当他被这个白领女孩拒绝后，他没有继续纠缠，继续去追求不属于自己的爱，因为他明白，他们之间是有距离的，就好比飞鸟和鱼。他们不适合，他们之间只是在游戏上可以做个知己，而爱情当然不是游戏，爱情需要共同语言，也是现实的。这就是他们的距离。选择了放

手，他们都能彼此释放。

玫是他的高中同学，那时玫同情他贫困的家境，但倾慕他的才气。每次去食堂打饭，玫都买两份好菜，然后回到教室，谎称胃口不好，把大部分菜倒入他的碗中。课余之时他们常去学校后面的一片小树林中复习功课，背诵历史习题和英语单词。

一切本顺理成章，但玫小心眼，每次别的女同学向他请教习题，他耐心讲解时，玫都异常气愤，认为他对别人有情意。于是醋性大发，扬言要“报复”他，并与学校外一名男子谈起恋爱。他伤心不已，认为玫是属于那种水性杨花的人，从此与她断绝了来往。虽然玫之后多次哭着求他原谅她，任性而自负的他却没有答应，但他心里却一直记着玫。

毕竟，和玫在一起的日子里，她曾给他带来太多的欢乐，也正是在玫的帮助和照料下，他才得以在黑色的七月里一路“过关斩将”，顺利地跨进了大学的门槛。而玫却因分散了太多的精力，名落孙山，回到了家乡。

大学毕业以后，他顺利进入了一家公司，多年对玫的牵挂让他鼓起勇气给玫写了信。

日子如往常一样在平平淡淡中度过。信寄后的第二个星期六，他休息，在宿舍正和同事们说话，一个同事进屋对他说：“外面有一个女孩找你。”

他来到外面一看，竟是玫！这是他做梦也没想到的。玫和在高中读书时一样，剪着齐耳的短发，穿一件洁白的裙裳，肩上背着一个黑色的皮包。

接下来的几天，玫一直都陪在他的身边，有说有笑，询问他原先的大学生活和现在的工作情况，向他诉说着她这几年来的经历，只是涉及感情方面时，玫都避而不谈。

5天过后，玫要回去了。当他们一起散步时，他向她求了婚，可是玫却摇了摇头，说：“谢谢你。这几年来，由于一直没有你的消息，我妈已在今年上半年让我和一个做生意的人办理了结婚登记手续，下个星期就举办婚礼，我们已经没有机会了。”

他一下子瘫了下去，原来他在错的时间遇见了对的人，那个他一直等

待的人已经不属于自己，只是有缘却无分了。

玫真的走了，可他却一直沉浸在那段感情中不可自拔，他很后悔当初的选择和自傲，最终失去了自己的爱人。结果，他终生未娶。

其实，爱情就是这样，错过了就不会再拥有。就算你苦苦盼来了这列姗姗来迟的爱情班车，你依然不会是上面的乘客。这就是有缘无分，既然如此，你又何必去苦苦怀恋，让自己的心为那段往事受折磨呢？放下那段心伤，感情不是自己说了算的，要靠缘分，而缘分是不能勉强的，真正的缘分是注定的，最终会成就一段爱情，而不属于你的，放下了，你才能释怀，你才能于千千万万人中找到另一半！

原谅他是为了更好地生活

有人说，人的心如同一个杯子，杯里的水就是人的心事，水太多了，就会溢出。所以适当的时候我们要倒掉一些才行。心情也是一样，负荷太重了，就需要放下。而在婚姻生活中，人人都会犯错，不要让爱人的错误压在心底，造成心灵负荷，原谅他，你们可以重新来过，可以更好地生活。

你们曾那么相爱，你还能记起雨天那浪漫的脚步吗？你还能记起你们一起吃“烤红薯”的情景吗？你还记得你们以前在艰难日子中相濡以沫的点点滴滴吗？既然你们还真心相爱，何必为了对方的一个错误而抛弃这段来之不易的感情呢？你要明白，他不是不爱你了，他只是犯了错。爱人和情人无法相提并论，他知道错了，就原谅他。只有原谅他，你们才能更好地生活。

生气或吵架只是激化你们感情矛盾的催化剂，理智一点，别再为爱人的错误耿耿于怀，放下他的错，你们的生活还能幸福地过。

为了丈夫出轨的事，青一直不知道怎么办。

那天下班回来一打开电脑，青看到有个陌生QQ号登录过，她就问老公，今天家里来客人了？他说没有啊，她就纳闷地问，没有人来家里，怎么会有人在我们家里登录QQ？他就若无其事地说那QQ是他的，她就奇怪他的QQ不是这个号啊，头像也不对（头像是一个女生的生活照），她问了他几次，他都说是他的。后来她说："是你的，那你就现在登录给我看！"，他一下子无语了，就说那是他同事的，这一下子青火冒三丈，QQ是谁的不重要，她气的是干吗一直骗她，把她当傻瓜耍。而且他骗她不是一次两次，还有一次他出去，她打电话给他，问他在哪里，他一会儿跟她说在家，一下说在公司宿舍找同事玩，后来又说在车上。

她不知道他哪句话是真的哪句话是假的。她想自己平时又没限制他出去或是其他什么的，干吗不能实话实说，两个人在一起就应该坦坦荡荡，不应该骗来骗去。后来得到证实，他真的出轨了。但他一直保证以后不会了，一定会改，并说自己对不起青。

青现在好纠结："我该怎么办？我该不该原谅他？我不知道曾经的他还可不可以相信？离婚吧，可是还有孩子，孩子怎么办？而且，他对我还是很好。可是原谅他，自己心里过不去这个坎。"

青不知道怎么办，感到很纠结。其实，她大可以放下丈夫的过错，给他一个机会，如果他真的可以改过自新，全家人还是可以开开心心地过。即使他做不到，再做决定也可以。为了生活得更好，青应该原谅他，自己也可以如释重负。而被这种矛盾的心情纠结着，只会让自己不快乐。

这个世界上没有真正的完人，谁都有缺点，谁都会犯错，你的爱人也是，但只要他爱你，什么你都可以放下。步入婚姻殿堂不容易，不要因为他的一个错毁了幸福的生活，原谅他你们可以更好地生活。

婚姻生活中并不全是幸福和快乐，矛盾和错误避免不了。爱人的错误就如同眼中的一粒沙，假如你使劲地揉眼睛，眼睛就会越来越难受；而如果轻轻地一吹，沙粒就可以从你的眼中飞走。那么，放下爱人的错，还是那对明亮的"眼睛"，你们可以更好地生活！

他们的新房装修好了，回想他们一起走过的日子，她觉得时间过得真快，他们终于有自己的家了。他们在一起7年了，他们是大学同学。房子首

付他家出了5万，她家出5万，其余是他们自己毕业三年攒的钱。她从来都不乱花钱，大部分贷款，他们两个平时一起还。

公婆来了，要住一个多月，之前在阳台上放了两箱礼品和一桶油，是小樱家乡的舅舅给她带过来的，她打算送人，因为最近她正在换工作。

他们下班后回来，小樱发现那两箱礼品都已经被拆开了，当时心里有点小小的生气，因为其中有一箱是鸡精。她就对婆婆说了一句："妈妈，吃饭的时候不要放鸡精进去，对身体不好。那箱东西拆了就拆了，没事，但是别吃。"没想到婆婆情绪很激动，一直在那儿说："屋里东西哪些能动，哪些不能动你也不说，我们怎么知道？我收拾东西帮你打扫卫生，不指望你能干活。那东西放阳台上不行，箱子都是热的，东西变质了，保质期就几个月……"婆婆是南方人，罗嗦起来没完没了，她根本就插不上话。等她一要开口，婆婆就提高声调继续说。于是她说了句："没有关系，不要吃就行了，原来是送人的，那东西吃了不好"，就关门进卧室了。然后她丈夫出去了，他是个特别孝顺的人，他出去听他妈发火。婆婆在外边继续说着，用的是家乡话，好像是说她不爱干净和自己把儿子拉扯大不容易之类的话。

她在房间里面实在是憋气，就坐在电脑桌旁发呆。丈夫进来了，她还没有反应过来，他把电脑的线全部拔了，然后把她的头使劲往一边按，把她提到床上，在她肩膀和背上打了几拳，这时她刚刚反应过来，开始大叫，并喊着说要离婚，因为他们以前有约定，如果有家庭暴力的话就离婚。后来丈夫的父母都进房间把他拉了出去。后来他进来跪在她的床边，哭了好一阵子，说"不离婚，爱她"之类的话，使她心里很难受。

她相信他是爱自己的，他们一起吃了很多的苦，双方家庭都比较困难，两个人互相扶持走到现在不容易，曾经有过多少的欢乐和泪水。但是现在看着他那恐怖的表情和落在自己身上的拳头，她觉得原来人都是会变的。她不想原谅他，再三考虑后，一纸离婚协议递到了丈夫手里。

其实，她为什么不想想他是个孝顺的儿子，是一时冲动才打了她？本来房子都装修好了，一家人可以和和美美地过日子，转眼的幸福因为她不能原谅他而消逝了，况且一切只是个误会。七年的感情不容易，人生有几

个七年，来之不易的情感何以轻易说放弃？其实，放下了他的错误，他们还是相爱的一对。

原谅他，让那些不愉快成为过去，给它划上一个句号，明天的日子会更美好。

在爱中你需要在乎多少

每个人都希望自己有一个完美的恋人，美满的婚姻，可这个世界上根本就不存在完美。婚姻和爱情也一样，恋人的小小缺点往往更值得你珍惜，婚姻就是柴米油盐过日子，不是艺术，因此你不必在乎太多；人生在世，孰能无过，所以也不要在意爱人的过错。放下一些世俗的想法，原谅你所爱的人。

或许他没有钱，但他对你百般呵护；或许她并不美丽，但她的性格绝对适合做个好妻子，是你事业坚强的后盾。那么你还有什么不满意的呢，在乎太多，瞻前顾后，幸福就会与你擦肩而过。

有那么一对情侣。男孩叫张宁，女孩叫涓涓。她很漂亮，非常善解人意，偶尔时不时出些坏点子耍耍张宁。张宁很聪明，也很懂事，最主要的一点：幽默感很强，总能在两个人相处中找到可以逗涓涓发笑的办法，所以她很喜欢张宁这种乐天派的性情。

他们一直相处不错，她对男友的感觉淡淡的，说他像自己的亲人。

他对女友爱得甚深，非常非常在乎她。所以每当吵架的时候，他都会说是自己不好，是自己的错。即使有时候真的不怨他，他也这么说。他不想让涓涓生气。

就这样过了五年，他仍然非常爱涓涓，像当初一样。终于到了结婚的年龄，他向涓涓求婚了，可是涓涓的家人不答应，因为他家很穷。涓涓很孝顺，她不敢违背家里的意愿。对于男友的求婚，她也迟迟没有答应。

有一个周末，涓涓出门办事，张宁本来打算去找她，但是一听说她有事，就打消了这个念头。他在家里待了一天，他没有联系涓涓，他觉得涓涓一直在忙，自己不好去打扰他。

谁知她在忙的时候，还想着他，可是一天没有接到他的消息，她很生气。晚上回家后，发了条信息给张宁，话说得很重，甚至提到了分手，当时是晚上12点。

他心急如焚，急忙打涓涓的手机，连续打了3次，都给挂断了。打家里电话没人接，猜想是涓涓把电话线拔了。张宁抓起衣服就出门了，他要去涓涓家，当时是12点25分。女孩在12点40分的时候又接到了男孩的电话，从手机打来的，她又给挂断了，一夜无话。他没有再给她打电话。

第二天，涓涓接到张宁母亲的电话，电话那边声泪俱下。张宁昨晚出了车祸。警方说是车速过快导致刹车不急，撞到了一辆坏在半路的大货车上。救护车到的时候，人已经不行了。

涓涓心痛到哭不出来，可是再后悔也没有用了。她只能从点滴的回忆中来怀念男友带给她的欢乐和幸福。她强忍悲痛来到了事故车停车场，她想看看他待过的最后的地方。车已经撞得完全不成样子。方向盘上，仪表盘上，还沾有他的血迹。

张宁的母亲把他当时身上的遗物给了涓涓，钱包，手表，戒指，还有那部沾满了张宁鲜血的手机。她翻开钱包，里面有她的照片，血渍浸透了大半张。

当涓涓拿起他的手表时，赫然发现，手表的指针停在12点35分附近。

涓涓瞬间明白了，张宁在出事后还用最后一丝力气给她打电话，而她自己却因为还在堵气而没有接。张宁再也没有力气去拨第二遍电话了，他带着对她的无限眷恋和内疚走了，涓涓也因此留下了一辈子的遗憾。

这是一个很感人的故事。其实他很爱她，她也很爱他，但涓涓太顾及家里人的想法，迟迟没有答应张宁的求婚。当男友死去的时候，她才发现自己在他心中是多么重要，他是多么爱她。

她顾及得太多，没有答应他的求婚，从而留下了一生的遗憾。其实，他们真心相爱，就不需要在乎太多。

婚姻是建立在美好爱情的基础上的，可是婚姻又和爱情不一样，婚姻需要包容，需要大妻双方的理解。每个人都会犯错，你不要因为他或他的错就否认你们的感情。放下那些让你不愉快的事，不要在乎爱人的错，为了幸福，为了爱，你不必太在乎。

小胡的妻子就是带着孩子嫁给他的，而他却能视如己出地对待孩子；对于妻子，他也从来没想过她是二婚。

小胡是一家医院的检验员，工作很好，按说他应该能找到个优秀的对象，可是他是个内向的男孩，虽然身边有很多女孩，他却一直没有“下手”。

一次，小夏来医院准备打掉孩子，因为她和丈夫刚刚离婚，她不想以后拖着个孩子过。在医院，她正巧遇到小胡，两人一见如故。小夏被眼前高大帅气、有善解人意的男孩吸引住了，两人互相留了电话。

在后来的几天里，小胡也以短信的方式安慰小夏，让她不要打掉孩子，就这样，你来我往的，两人恋爱上了。而小胡居然对外称孩子就是他的，虽然家里人知道，也反对，但他还是顶着压力和小夏结婚了。

这是令人羡慕的一对，他爱她，他不在乎她的那段历史，他能包容那段过去，包括她的孩子，既然接受她，也就接受了她的一切。

真正的爱情是不会为外在的一些因素所左右的。不要在乎爱人的过去，过去是历史，明天才更美好。

爱让你懂得宽恕

人的一生风雨几十年，情感占据了很大一部分，有亲情、爱情和友情。对于爱情，每个人的体会不一样，有人说爱情像天空的颜色，永远是那么的清澈，那是因为他的爱情很美好；有人说，爱情好比老槐树般可靠，那是因为他的爱情坚固而浪漫；而有人说，爱情就是一杯毒药，让人

无法自拔，那是因为他把爱情看得太重；还有人说，他情愿这辈子没遇到过爱情，那是因为他被爱情伤得很深……爱情不像电脑中的程序可以被删除，它永远留在了人的记忆中。

美好的爱情造就了婚姻，不美好的爱情也可能造就婚姻，爱情和婚姻的世界都有着背叛和抛弃，因为每个人对爱情和婚姻的选择不一样，理解也不一样。

面对爱情和婚姻中的失败和背叛，我们要放下，要懂得宽容。你要明白，是你的，永远是你的，你就应该好好珍惜；不是你的，强求也强求不来。

放下那个不属于你的人，你才会快乐；放下那段不该有的感情，你才能解脱。宽容那个背叛你的人，你更能成就大度。不要在感情的世界里迷失自己，不要让自己长时间地陷在爱情的泥潭中不可自拔。

如果你不懂得宽容，不懂得放下，受伤害的永远只有你自己！

他是个搞设计的工程师，她是中学毕业班的班主任老师，两人都错过了恋爱的最佳季节，后来经人介绍而相识。没有惊天动地的过程，平平淡淡地相处，自自然然地结婚。

婚后第三天，他就跑到单位加班，为了赶设计，他甚至可以彻夜拼命，连续几天几夜不回家。她忙于毕业班的管理，经常晚归。为了各自的事业，他们就像两个陀螺，在各自的轨道上高速旋转着。

送走了毕业班，清闲了的她开始重新审视自己的生活，审视自己的婚姻，她开始感到迷茫，不知道自己在他心里有多重，也似乎不记得他说过爱他。一天，她问他是不是爱她，他说当然爱，不然怎么会结婚；她又问他怎么不说出爱，他说不知道怎么说。可她说爱本来就需要表达，不然就不是真爱。她是个浪漫的女人，她觉得自己经历的是一段自己根本不想要的婚姻，因为没有丝毫的波澜。于是，她拿出了离婚协议书，他什么都不说，签了字。

她后来在张家界旅游时认识了一个艺术家，他们后来就结婚了。

而就在她结婚的第二天，她得知了前夫自杀的消息。她收到一封信，上面有这样几行字：“很多时候，爱是埋在心底的，尤其是婚姻进行中的

爱平平淡淡，说不出来，但是真实存在的。自打和你结婚以来，你就是我的全部，只是我不喜欢说出来，你可以不爱我，但你不能嫁给别人！”

就因为婚姻上的失败，他接受不了，选择了自杀。他不敢正视妻子和自己离婚的现实，当妻子和别人结婚的时候，这种沮丧的心情让他不能自抑，他不能放弃这段不适合他的婚姻，从而选择了结束生命。

不该有的，就放下，而面对婚姻中的一些问题，如说婚外恋，我们又该怎么应对呢？我们最终应该忘记那段历史，宽恕你的爱人，不要耿耿于怀。既然爱她（或他），就不要在乎太多。

的确，在当今的爱情中离婚和出轨的越来越多，面对这些，大多数人选择的是大吵大闹和纠缠。而明智的人选择的是宽容与饶恕！有个女人在她丈夫死后，写下了这样的忏悔录：我曾经看上一个叫张同的人，但是我的母亲让我嫁给一个叫王志的男人，他是一个教师，我不同意但是面对家庭我别无选择。与他结婚后，我一直不爱他，但是他很爱我疼我。随着女儿的降生，我的心全扑在女儿身上，而他也十分疼爱我的女儿！我曾要求离婚，他说等学校分了房子之后。有一天他到北京出差，还打电话给女儿。后来我们分居了，他在学校我在家中。有一次他在讲课上楼时摔了下来，到医院查，已是癌症晚期！原来他早已知道只是不告诉我！在这里我遇到了他，我曾经的爱人张同，丈夫看见后对他说：“你们出去聊聊吧。”我与张同走到外面，他对我说，当年他听说我结婚后很伤心，在王志回家的路上他拦住他给了他一刀。王志面对我说，我虽对你有夺妻之仇，但是对你有养女之恩！我听后急忙把他送到医院，陪了他几天。他好后我对他说，只要他活着我就再也不能见你！原来他早已从原来的同学照中看出女儿不是他的，但是他对她还是那样好，胜过亲生的女儿！

也许正因如此，他得了绝症后也不治疗，等学校分了房子后离婚是想让我们有个好的归宿。在1995年7月15日我的丈夫离开了我还有我的女儿！”

王志明明知道妻子背叛了他，可是还是无悔地爱她，明明知道女儿不是他亲生的，但却视如己出！他是个宽容的男人，是个伟大的男人，他对她的爱早已胜过了爱情。

也许对于一个男人来说，妻子背叛自己，女儿也不是自己亲生的，这

样的念头会让他怒火中烧，会让他痛不欲生，可是你想想，这带给你的除了伤痛和折磨以外，还有什么？如果你非常爱你的妻子并且有足够的宽容之心，那么为什么不反过来想想呢?

宽恕你曾经爱过也恨过的人，宽恕这段感情，同时也就宽恕了你自己。现在让你痛不欲生的事，在时间的治疗下也会慢慢变淡。若干年后，当你洗过澡，穿着一身宽松的衣服，坐在躺椅上凝视漫天夕阳的时候，心中再泛起这段感情时，有的，只是一种淡淡的忧伤和甜蜜。

生命如水流一样清澈，像大地一般温暖。做到宽容，放下情执，那种热烈而清澈，宽厚而自由的生命，不正是我们所应拥有的吗?

放下束缚是对自己的疼爱

泰戈尔说："爱一个人，就应该用你的爱像阳光一样包围她，然后给她自由。"爱情是自由奔放的鸟儿，假如你控制它，它就会因为你的控制而失去自由，最终会死在你给它限制的空间里。当你和你的爱人都被爱束缚的时候，你们之间不再是相濡以沫，不再心心相印，而只是寒暄和煎熬，这个时候你们之间就不再有爱情，这时你应该放手，还对方一个自由，否则你们都会受到这种变质的爱的束缚，你们只会让爱折磨得筋疲力竭。

真正的爱情是自由的，当感觉这段爱已经让自己很累、很疲惫、被束缚的时候，这就不是真爱了。真爱是自由的，是忠于自己的思想和灵魂的，是不受任何外在事物束缚的。

在上海打工的奥美接到母亲从老家打来的电话，说父亲病重。可她回家一看，父亲根本没病，原来家里人是让她和前年定亲的小伙子结婚。可是她认为自己还要在上海发展，还要奋斗，不希望自己早早的就结婚，于是她被这桩婚事弄得焦头烂额。为了这事，父母什么招儿都试过，希望她回家结婚，可是不管用。在回家的第二天，她就买了返程票，并以自己的

名义对男方家里把自己的真实想法说了出来，对方是很明事理的人家，自然也就没有再为难她。从此，她心底的石头终于落地了，她能轻松愉快地工作和生活了。

爱情是自由的，而她的父母却给她安排了一桩束缚她的婚姻，追求自由的她当然不会妥协，所以，她和父母“反抗”，没有被父母安排的婚姻束缚。

自由被束缚的爱苍白、无力、冷漠，这种爱不是建立在精神层面的自由，不是独立的两个个体精神上的相依，这种爱会因为经不起生活的风雨历练而最终分崩离析，而这场爱的受害者不只是你，还有对方。不要让这样一份爱打乱了你人生前进的脚步。只有放下，你才会解脱，对方也才能解脱。放下这被自由束缚的爱，还彼此一个自由。

在现实生活中，当爱不再自由的时候，就要学会放下它，不要留恋。爱没有错，可是执著于一场没有自由的爱就错了。

放下它，还自己一个自由，也还对方一个自由。

单纯的她喜欢上了一个有妇之夫，最终她的爱结束在了他悄声无息的离开之时。

和他在网上相遇，是在一个无聊心烦的晚上。那天，她无目的地点了一个同城市中一个很有诗意的名字，加为好友，然后发了一句问候，他迅速地做出了应答。她说很烦，能不能聊会，他说好啊。就这样，他们海阔天空地聊了起来，他很幽默，因为她对他说心烦，所以他给她发了好多很好笑的图片，讲了一个个笑话。然后她下了线，但并没有把他从好友中删除，因为她能感到，他是个很不错的男人，很幽默。

再后来，她每次在网上碰到他，他总是先和她打招呼，如果她有兴趣和他聊，他总是有好多话题和她聊。他懂得很多，看得出，他是个见多识广，经历过很多沧桑的男人。但如果她在网上做别的事情，没有和他谈话时，他总是默默地守在一边，并不来打扰她。当她问他为什么还在网上时，他总是笑笑说：“等你啊。”

渐渐地，她想和他谈的话题也多了起来，她和他谈起她的烦恼，她的快乐，她的理想，她的家庭以及她的工作。他也总是能给她很多很好的建

议。他比她大十岁，所以慢慢她把他当成了哥哥，一个没见过面的哥哥，并对他有了深深的依赖感，每天在上网时，总想见到他的身影，当在网上没看到他时，她总有一种说不出的失落感。她是一个外乡人，在这个陌生的城市没有朋友，没有亲人。于是，他总是在网的那边关心她，当天冷时，他总是嘱咐她莫忘了多加件衣服，因为她怕冷；下雨时，他总是嘱咐她出门时莫忘带雨伞，因为她不能淋雨，一淋雨就感冒。当他一遍遍嘱咐她时，她总是笑着说他啰唆，像妈妈一样啰唆。他总是笑着骂她傻丫头。但说归说，她总是感动于他的关心。

时光匆匆，他们在网上已经认识了几个月了，彼此都已经很熟悉。一天，他笑着说；丫头，我能看看你吗，我想看看古怪精灵的丫头究竟长得什么样子？当他们见了面以后，两人终于相爱了，是那种浪漫的爱。可是他是个有家庭的人。

她和他偷偷摸摸交往了一段时间，可他发现自己在犯罪，感觉自己束缚了她，她还可以找个好归宿，而他们之间是不会有结果的。

于是，他长时间不上QQ，上也是用别的号。他希望她能过得好，在这个城市能遇见真正让她幸福的人。他希望她能把他忘记，他不想束缚她。

他是个好男人，他不想耽误她的青春，他有家有业，而她还年轻，她可以有个好归宿，他放开了她，尽管心中是那么的不舍。爱她，就让她幸福。不要让爱情成为让爱人窒息的绳索，还彼此一个自由，还心灵一个解脱。

放下束缚自由的爱，是一种爱的艺术。岁月蹉跎，时光荏苒，它就如一杯清茶，舍得才知其清甜，放下才闻其香郁；它如缺口苹果，舍得才知其甘脆！放下它就如放飞气球一般，舍得放开才知其自由，放下才感其奔放！

不要做一个爱情的乞讨者，不要品尝爱情的残杯冷炙，不是你的爱情不要去追逐，还对方自由，还自己自由！放下情执，不让自己在感情的世界里迷失了自我，失去了快乐。

参考文献

[1] 吴淡如.性格决定幸福[M].南昌：二十一世纪出版社，2008.
[2] 吴维库. 阳光心态[M].北京：机械工业出版社，2006.